远程宽体客机科学与技术丛书

中-俄《运输类飞机适航标准》对比分析

王志瑾　编著

科 学 出 版 社
北 京

内 容 简 介

本书简要介绍了俄罗斯《运输类飞机适航标准》和中国《运输类飞机适航标准》的发展历程,以俄罗斯 АП-25-9 和中国 CCAR-25-R4 为分析对象,首先对各分部、附录及附件的同异性进行总体对比,然后对各分部、附录及附件所包含的所有条款及内容,先判别其同异性,最后对内容有差异的条款和部分逐一进行对比分析。本书旨在为中俄联合研制的 CR929 宽体客机设计和适航取证提供参考。

本书适合大型运输类飞机设计、制造及适航相关的工程技术人员参考,也适合航空院校有关民航适航专业、飞行器设计专业的教师和学生参考。

图书在版编目(CIP)数据

中-俄《运输类飞机适航标准》对比分析 / 王志瑾编著. —北京:科学出版社,2023.6
(远程宽体客机科学与技术丛书)
ISBN 978-7-03-075348-9

Ⅰ. ①中… Ⅱ. ①王… Ⅲ. ①运输机-适航性-技术标准-对比研究-中国、俄罗斯 Ⅳ. ①V271.2

中国国家版本馆 CIP 数据核字(2023)第 059056 号

责任编辑:胡文治 / 责任校对:谭宏宇
责任印制:黄晓鸣 / 封面设计:殷 靓

科学出版社 出版
北京东黄城根北街 16 号
邮政编码:100717
http://www.sciencep.com

南京展望文化发展有限公司排版
苏州市越洋印刷有限公司印刷
科学出版社发行 各地新华书店经销
*

2023 年 6 月第 一 版 开本:B5(720×1000)
2023 年 6 月第一次印刷 印张:15 1/2
字数:302 000

定价:140.00 元
(如有印装质量问题,我社负责调换)

远程宽体客机科学与技术丛书

顾 问

（按姓名汉语拼音排序）

陈十一　邓小刚　郭万林　黄伯云
林忠钦　吴光辉　杨　卫　朱　荻

编写委员会

主 编

陈迎春

编 委

（按姓名汉语拼音排序）

白　杰　　陈海昕　陈文亮　顾宏斌　　焦宗夏　赖际舟　李　栋
李浩敏　李伟鹏　林燕丹　刘　洪　刘沛清　米　毅　邱菀华
邵　纯　宋笔锋　孙有朝　王志瑾　严　亮　杨春霞　杨小权
叶正寅　占小红　张美红　张曙光　张卓然　赵安安　郑　耀

丛书序

大型飞机是国家中长期科学和技术发展规划纲要确定的重大科技专项,是建设创新型国家、提高我国自主创新能力和增强国家核心竞争力的重大战略举措。发展大型客机项目是党中央、国务院把握世界科技发展趋势,着眼我国现代化建设全局作出的一项重大战略决策,也是国家意志和民族梦想的集中体现。国产客机按照"支线-窄体-远程宽体"三步走战略实施发展。

远程宽体客机的研制是高度复杂的系统工程,涉及数学、力学、材料、机械、电子、自动控制等诸多学科与技术门类的综合集成,并向着全球分布式、协同设计与制造的方向不断发展。为了满足国产远程宽体客机对飞机的安全性、经济性、环保性和舒适性等方面提出的严苛技术指标,同时应对新的国际国内形势下设计理论和制造技术等方面的严峻挑战,迫切需要总结国内外已有的经验和成果,编著一套以"远程宽体客机"为主题的丛书,从而推动远程宽体客机研制中的科学与技术发展,具有极为重要的工程价值和深远的历史意义。

2017年,科学出版社就开始酝酿"远程宽体客机科学与技术丛书"。我作为远程宽体客机的总设计师,欣然接受了科学出版社的邀请担任该丛书的主编。出版社邀请了国内部分知名院士担任丛书专家委员会顾问,同时组织国内优势高校和主要科研院所的知名专家,在基础研究的学术成果和工程研究实践的基础上,共同编写这套"远程宽体客机科学与技术丛书",确保丛书具有系统性、专业性、实用性和前瞻性。

本套丛书主要涵盖了飞机总体设计、空气动力学、材料与结构、机载系统、飞机制造、适航与管理、系统工程管理和地面与飞行试验等主要远程宽体客机研制专业方向和关键技术领域,在聚焦远程宽体客机研制一线的理念思路与工程经验的同时,着重关注领域内专家最新的理论方法和技术成果。本套丛书蕴含了我国近十几年来远程宽体客机研制技术发展的科技成果,既可供航空专业人员学习和参考,也可作为飞机工程研制的案头工具书。期望本套丛书能有益于国产大飞机的成功研制、有益于航空领域高层次人才的培养、有益于我国航空事业的高质量发展。

是为序!

2022 年 12 月

前　言

目前,民机市场可以说是全球垄断程度最高的行业,特别是干线飞机,美国的波音公司和欧洲的空客公司已经完全瓜分了全世界市场,不愿意任何第三家进入,其原因主要在于数十年的技术经验积累和成套的体系化的解决方案,小型、中型、大型客机两家各自都有自己的经典机型。面对波音和空客公司对世界民用客机市场的垄断,中俄两国联手组建了一个两国持股的类似于空客的大型民用客机企业。2016 年 6 月 25 日,中国商用飞机有限责任公司与俄罗斯联合航空制造集团签署了项目合资合同。2017 年 5 月 22 日,双方企业在上海共同成立了合资公司——中俄国际商用飞机有限责任公司。2017 年 9 月,中俄联合远程宽体客机正式命名为CR929,C 和 R 分别是中俄两国英文名称首字母,代表该款宽体客机是两国企业合作研制的先进商用飞机。

什么叫适航取证? 这就涉及军机和民机研制的本质区别。研制军机是为了满足作战性能要求,更强调其战术技术性能;而研制民机是为满足国民的需求,从而更注重其安全性。虽然民机的航程、油耗、经济性、舒适性都很重要,但这些都比不过安全性,民机第一要务是安全。适航是什么,适航就是保证飞机安全。民机的设计要满足适航要求,民机在整个运行过程中要满足适航的要求,民机的制造质量要符合安全标准,民机适航要求是这架飞机最低的、最基本的安全要求。民机生产的质量部门要严格按照设计的准则、按照适航的要求来控制产品。各国的适航当局要严格按照各国的适航法律、规章和条例对飞机进行适航审定。

安全水平并不是绝对的,需要在安全性、使用性和经济性之间取得平衡。当前国际民航界通用的“最低安全水平”就是“公众可以接受的安全水平”。这种“公众可以接受的安全水平”实际上是公众能够承担的经济负担和能够承受的安全风险之间的一种平衡。根据这个安全水平制定的适航标准就被称为"最低安全标准"。按适航标准设计的飞机具有满足"公众可以接受的安全水平"的安全性和可靠性。由于公众对安全水平的要求是不断提高的,为此,适航标准也要随着设计技术的进步和使用经验的不断积累而不断改进。

国际民航组织制定和维护着适用于各个缔约国的完整的国际通行适航最低标准,故其标准兼具广泛性和灵活性,在明确提出各缔约国必须遵守的国际适航标准底线的同时,又允许各缔约国在规定的使用范围内享有自由决断权。由于国际民航组织的适航标准不能完全替代各国的法规,各国对国际适航标准理解的准确性和一致性显得尤为重要。

适航既是民用航空器安全性能的保证,又是航空器走向国内外航空市场的前提。国际民航组织(The International Civil Aviation Organization, ICAO)是制定国际适航标准和指导性文件的权威机构,这些标准提出了完整的国际通行适航最低标准,可为各缔约国通过其国内的航空法规所承认并予以实施。因此,各国根据自己的法律法规、特殊环境、条件以及适航实践经验,都制定和不断发展自己的适航标准。对于运输类飞机,美国联邦航空局有 FAR - 25,欧洲航空安全局(European Aviation Safety Agency, EASA)有 CS - 25(JAR - 25),我国民航局颁发了 CCAR - 25,而俄罗斯也有自己的《运输类飞机适航标准》。

国外经验表明,发展民用航空工业,必须重视适航,美国发达的民用航空工业催生出世界上最先进的适航审定体系。在 20 世纪 60 年代,在严格适航标准和审定程序规范下诞生的波音 737 飞机于 1967 年获得美国联邦航空局型号合格证,良好的安全性使其成为民航史上最畅销的飞机(截至 2018 年),已生产交付上万架,可以说畅销全世界,取得了巨大商业成功。而当时苏联局限的适航理念和适航能力则在一定程度上限制了其民用航空工业的发展,同样是在 20 世纪 60 年代,在波音 737 飞机之后投入使用的图-154 客机,虽然生产了 900 余架,但因其安全性欠佳,事故频发,最终黯然退出民机市场。

CR929 宽体客机是中俄联合研制的双通道民用飞机,以中国和俄罗斯及独联体市场为切入点,同时广泛满足全球国际、区域间航空客运市场需求。但从美国的波音公司和欧洲的空客公司目前对全球民机市场的垄断现状来看,CR929 的初始市场仍然是中国、俄罗斯及独联体国家,再逐步推向国际市场。当前各航空大国都在努力将国内适航标准向国际适航标准推广,这已经成为民航业发达国家垄断和控制国际市场、保护和发展本国相关航空产品和业务的有效手段。因此,制定标准既是一项技术考虑,也是一项政治决策。各国民航当局都需要尊重其他民航当局相对于其监管方式程度不同的自主权,并在国际规则体系内寻求最大限度地合理保护本国利益相关方的合法权益。因此,由于 CR929 是中俄两国联合研制,又有国际化的市场期望,就必须提前考虑其适航问题和适航标准,因为适航工作需要贯穿在整个飞机的设计和制造过程中。尽管中国和俄罗斯的《运输类飞机适航标准》都参考了美国的 FAR-25,但它们的最新版 CCAR-25-R4 和 AΠ-25-9 还有很多不同之处。因此,有必要对现行的 CCAR-25-R4 和 AΠ-25-9 进行详细的对比分析,以供商用飞机,尤其是参与 CR929 联合研制的人员参考。

本书共有 11 章。第 1 章为中俄民用飞机适航标准发展历程和总体对比,第 2~11 章为俄罗斯的 AΠ-25-9 和中国的 CCAR-25-R4 的各分部和附录的对比分析,最后还有 3 个附件。

作者

2022 年 6 月

目　录

第4章　　**C 分部《结构》对比分析**　　34

第5章　**D 分部《设计与构造》对比分析**　74

第6章　**E 分部《动力装置》对比分析**　99

第8章　**AΠ－25－9 F 分部附则**　　147

第9章 G 分部《使用限制和资料》对比分析 177

第10章 АП‒25‒9 J 分部《辅助动力装置》 182

第1章

中–俄民用飞机适航标准发展历程和总体对比

1.1　中–俄民用飞机适航标准发展历程

1.1.1　俄罗斯民用飞机适航标准发展历程

苏联第一版《苏联民用航空器适航标准》（НЛГС）于 1967 年开始实施，其依据是国际民航组织的要求、20 世纪 60 年代中期民用航空科学技术的研究和发展，以及试验和经验积累。经过后来的五次修改，命名为 НЛГС–1（1972 年）。

《苏联民用航空器适航标准》的第二版（НЛГС–2）于 1974 年开始实施，НЛГС–2 对应了当时美国联邦航空条例（Federal Aviation Regulations，FAR）和英国民航适航性要求（British Civil Airworthiness Requirements，BCAR）的标准水平。在 1975~1980 年，这些标准用于工业和民航实践中，对新一代飞机伊尔–86、雅克–42、安–28 和 L–410 的研制、认证和运行、提高飞行安全水平，以及在适航要求的实际应用中积累国内经验方面都发挥了重要作用。1975 年，在 НЛГС–2 的基础上，制定了《苏联超声速飞机临时适航标准》（ВНЛГСС），用于图–144 超声速客机的认证[1]。

在 НЛГС–2 中，引入了新的用于功能系统故障情况下评估飞行安全的要求，这是基于对出现危及飞行的事件采用了概率方法。在 НЛГС–2 中作为独立的一章专门讨论这个问题。为确保飞机符合这些要求的认证，建立了使用概率指标的方法基础，这不仅有助于 НЛГС 的进一步发展，也促进了包含在这些标准中的要求符合性的发展。

考虑到国际民用航空组织（ICAO）的新要求、国内外民用航空器适航标准认证和应用经验，以及航空科学技术的发展，苏联制定并实施了第三版《民用航空器适航标准》（НЛГС–3，1984 年）。1985 年被经济互助委员会（Council for Mutual

Economic Assistance，CMEA)成员国采纳为《CMEA 成员国民用运输机统一适航标准》(ЕНЛГ‑С)。

与 НЛГС‑2 相比，在 НЛГС‑3 中[2]：

- 显著发展和具体化了功能系统故障时的飞行安全评估原则；
- 规定了由功能故障引起的特殊情况的概率指标值；
- 引入了使用限制和极限限制的概念，作为出现复杂、紧急或灾难性情况的基本标准；
- 显著发展了在疲劳强度和结构破损安全条件下确保安全的要求；
- 制定了新的第 9 章和第 10 章(分别为辅助燃气涡轮发动机和螺旋桨发动机)；
- 引入了关于信号设备的新的分部。

НЛГС‑3、FAR‑25 和 JAR‑25(欧洲标准)的对比分析表明，它们设定的飞行安全水平实际上是相当的。对于个别要求，上述的民用航空器适航标准之间存在差异，包含对具体特性的要求稍松或稍严。但是，最显著的区别是苏联的 НЛГС 与对应的 FAR 和 JAR 在要求的结构编排和编号上有所不同，这使得苏联的民用航空器适航标准在国外难以采用。

自 1990 年，根据监管制定和完善工作的适航标准委员会的决定，苏联考虑到国产飞机的竞争力，开始努力使苏联的民用航空器适航标准在结构和要求内容方面更接近美国和欧洲部分国家的规范。

1991 年苏联解体，在 1991 年 12 月 30 日，苏联的 12 个主权国在明斯克成立了国家间航空委员会(Interstate Aviation Committee，IAC)，缔结了国家间《民用航空和空域使用协议》，设立 IAC 为执行明斯克协议的常设机构，并将苏联国家航空注册的所有职能完全移交给它，并更名为 IAC 航空认证和规章委员会，履行对航空设备及其开发商、制造商和维修单位、机场和航线设备的认证，并颁发证书和其他文件批准的职责。

1994 年，IAC 发布了航空标准第 25 部《运输类飞机适航标准》(АП‑25)，它考虑了过去一段时间在飞行安全领域出现的对飞机的新的技术要求，是对 НЛГС‑3 的进一步发展。АП‑25 与 НЛГС‑3 的根本区别在于它与美国和西欧类似的标准(FAR‑25 和 JAR‑25)进行了协调，使得其他国家的航空专家更易于了解俄罗斯对飞机适航性的要求，使得俄罗斯与其他国家航空管理局在民航飞行安全和环境安全领域的互动更为方便[2]。

АП‑25 自 1994 年发布至今，已进行了 9 次修订，最新版 АП‑25‑9 于 2020 年 4 月 27 日实施。可见，其修订频率是很高的，修订的内容也很多，这充分说明近些年俄罗斯对《运输类飞机适航标准》的重视程度。

1.1.2　中国《运输类飞机适航标准》发展历程

中国民用航空规章《运输类飞机适航标准》(CCAR-25)制定于1985年,当时我国自行设计、制造的第一架大型运输机运十研制成功不久,运十飞机试验、试飞的各项性能指标都达到一定要求。运十飞机的研制成功表明:我国的航空工业已掌握了国际最新技术,民机工业和航空运输业的发展具备了良好的基础。运十飞机研制成功的一个重要经验是在设计、研制、试验、试飞过程中始终坚持一个思想:技术上完全遵照国外已经普遍采用的、成熟的适航规范。因此,我国适航当局决定,以美国联邦航空条例FAR-25为蓝本编制我国的《运输类飞机适航标准》(CCAR-25),实现与国际规范完全等效[3]。

这部规章的颁布和实施,为我国保证民用航空安全、维护公众利益和促进我国航空事业发展,发挥了不可替代的巨大作用。该规章是供颁发和更改运输类飞机型号合格证的适航标准,自1985年12月31日发布以来,已先后于1990年7月18日、1995年12月18日、2001年5月14日发布了三次修订版。经过这三次修订,中国民用航空规章第25部《运输类飞机适航标准》相当于美国联邦航空条例第25部(FAR-25)包括第1至第100号修正案(2000年12月13日)。首次发布的《运输类飞机适航标准》及其三次修订版已用于ARJ21-700、MA60、Y7系列和Y8系列等国产民用飞机的型号合格审定和多型进口飞机的型号认可审查。该标准对提高我国民用飞机的安全水平、促进民用航空事业的稳步健康发展起着重要作用。

然而,随着航空技术的进步、航空制造业和航空运输业的发展以及人们对航空安全认识的深化,适航标准自身也在不断发展和更新。近年来国际上对运输类飞机的适航性研究和标准制定又有了新的进展。从2001年1月至2008年9月,美国联邦航空局对FAR-25共发布了25项修正案,即修正案25-101至修正案25-125。

为保持我国适航标准与国外适航标准在安全水平上的一致性,促进我国航空工业的健康发展,中国民用航空局决定对中国民用航空规章第25部《运输类飞机适航标准》(CCAR-25)进行第四次修订。考虑到原规章是以美国联邦航空条例FAR-25为蓝本,并且美国联邦航空局将依据FAR-25修正案25-124的水平对ARJ21-700飞机进行影子审查,第四次修订主要参考FAR的第25-101至25-124修正案。并且,考虑到FAR的第25-125修正案"降低燃油箱爆炸的概率"与第25-102修正案"运输飞机燃油箱系统设计评估,抑制可燃性,维修和检查的要求"密切相关,是对降低燃油箱可燃性提出进一步的定量要求;因此,CCAR-25第四次修订还参考了FAR的第25-125修正案。此外,第四次修订还参照了FAR的第25-128修正案对部分条款的引用错误进行了修订。

1.2　АП－25 和 CCAR－25 修订历次和时间

1.2.1　АП－25 修订历次和批准时间[4,5]

修订历次版本	批 准 时 间
АП－25	1994 年 7 月 5 日
АП－25－1	1995 年 10 月 31 日
АП－25－2	1996 年 6 月 28 日
АП－25－3	1998 年 1 月 5 日
АП－25－4	2000 年 2 月 28 日
АП－25－5	2003 年 9 月 5 日
АП－25－6	2008 年 12 月 11 日
АП－25－7	2013 年 12 月 6 日
АП－25－8	2015 年 10 月 23 日
АП－25－9	2020 年 4 月 27 日

1.2.2　CCAR－25 修订历次和批准时间

修订历次版本	批 准 时 间
CCAR－25	1985 年 12 月 31 日
CCAR－25－R1	1990 年 7 月 18 日
CCAR－25－R2	1995 年 12 月 18 日
CCAR－25－R3	2001 年 5 月 14 日
CCAR－25－R4	2011 年 11 月 7 日

1.3　АП－25－9 和 CCAR－25－R4 的分部、附录及附件总体同异性对比

各国的《运输类飞机适航标准》都是在国际民航组织规定的最低飞行安全要求下制定的,为了方便交流,各国适航标准的编排规则基本一致,大多参考了美国的 FAR－25 编排规则,即编排的层次都为分部→条款→点→子点……,文末有几个附录。不管是分部或附录,或是其条款编号、名称,以及具体内容,大多是相对应的,大部分内容也基本相同。但各国根据自己的具体条件和情况,在满足国际民航组织的最低飞行安全要求下,虽参考了美国 FAR－25,但又做了不同程度的添加、删除或修改。俄罗斯的 АП－25－9 和中国的 CCAR－25－R4 就有一些不同之处,下面首先分析各分部、附录及附件的名称及总体内容的同异性,如表 1.1 所示。

表 1.1　АП－25－9 和 CCAR－25－R4 各分部、附录及附件的名称及总体同异性

АП－25－9	CCAR－25－R4	同异性
A 分部　总则	A 分部　总则	是
A－0 分部 功能系统故障时飞机适航的总体要求	无	否
B 分部　飞行	B 分部　飞行	否
C 分部　结构	C 分部　结构	否
D 分部　设计与构造	D 分部　设计与构造	否
D 分部附则　25D	无	否
E 分部　动力装置	E 分部　动力装置	否
F 分部　设备	F 分部　设备	否
F 分部附则　25F	无	否
G 分部　使用限制和资料	G 分部　使用限制和资料	否
H 分部　电能传输、开关和安装装置	H 分部　电气线路互联系统(EWIS)	是
无	I 分部　附则	否
J 分部　辅助动力装置	无	否

АП－25－9	CCAR－25－R4	同异性
附录 A	附录 A	是
附录 B	附录 B	是
附录 C　结冰条件	附录 C	是
附录 D　确定最小飞行机组的准则	附录 D	是
附录 E　［备用］	附录 E	否
附录 F	附录 F	否
附录 G　［备用］	附录 G　连续突风设计准则	否
附录 H　持续适航文件	附录 H　持续适航文件	是
附录 I　起飞推力自动控制系统（ATTCS）的安装	附录 I　起飞推力自动控制系统（ATTCS）的安装	是
附录 J　应急撤离演示	附录 J　应急撤离演示	是
附录 K　延程运行（ETOPS）	附录 K　延程运行（ETOPS）	否
附录 L　HIRF 环境和 HIRF 设备测试水平	附录 L　HIRF 环境和 HIRF 设备测试水平	是
无	附录 M　燃油箱系统降低可燃性的措施	否
无	附录 N　燃油箱可燃性暴露和可靠性分析	否
附录 O　过冷大液滴结冰（SLD）条件	无	否
附录 P　具有混合相位和结晶冰的冰区（强对流云）	无	否
附件 1：关于飞机功能系统故障时对适航一般要求的定义和术语	无	否
附件 2：FAR－25（АП－25）中使用的符号以及俄罗斯认证实践（НЛГС－3）早期采用的相应符号	无	否
附件 3：《运输类飞机适航标准》采用的缩写俄-英-中对应缩略语		

从表 1.1 可以看出,AΠ‒25‒9 和 CCAR‒25‒R4 的各分部、附录及附件内容并不完全相同,其差异有以下几种情况:

(1) 某分部、附录或附件内容完全一样;

(2) 某分部、附录或附件内容不完全一样;

(3) 某分部、附录或附件只有 AΠ‒25‒9 中有;

(4) 某分部、附录或附件只有 CCAR‒25‒R4 中有。

对情况(1),本书不再进行内容列举和对比分析;情况(2)是本书后续重点对比分析的内容;而对于情况(3),只给出 AΠ‒25‒9 的内容,不做对比分析;对情况(4),本书不再列举其内容,读者可自行参考 CCAR‒25‒R4。

第2章

A-0分部
《功能系统故障时飞机适航的总体要求》

本分部是 AΠ-25-9 特有的一个分部,具体内容如下。

2.1 总则

本分部包括当功能系统故障时对飞机飞行适航性总体要求的详细要求和说明材料。本分部补充和具体化了 25.1309(b)、(c) 的要求,并适用于除结构件(比如机翼、安定面、控制面、机身、发动机安装接头、起落架受力件及其安装接头等)以外的飞机所有功能系统和设备,它们将在 C 和 D 分部中专门讨论。

2.2 [备用]*

2.3 发生特殊情况的概率

2.3.1 [备用]

2.3.2 [备用]

2.3.3 故障状态下运行

飞机的设计和制造必须确保在预期运行条件下由机组人员按照飞行手册操作时:

(1)导致灾难性情况(灾难性影响)的每个故障状态(功能故障,系统故障类

---

* [备用]表示规章修订过程中删除了条款内容但仍然保留条款号。

型)都被评估为几乎不可能,并且不会因系统及其元件的单个故障而出现。

(2)导致出现紧急情况(紧急影响)的每个故障状态(功能故障,系统故障类型)都应被评估为一个事件,其发生频率不超过极小概率。建议:由故障状态(功能故障,系统故障类型)引起的紧急情况(紧急影响)总概率,对飞机整体而言,不超过每个飞行小时 10^{-6}。

(3)导致出现复杂情况的每个故障状态(功能故障,系统故障类型)都应被评估为不超过小概率的事件。建议:由故障状态(功能故障,系统故障类型)引起的复杂情况(复杂影响)总概率,对飞机整体而言,不超过每个飞行小时 10^{-4}。

对所有使飞行条件复杂化和导致其发生的故障条件(功能故障,系统故障类型)都应进行分析,以便对机组人员的操作提出适当的建议。

备注:希望将导致飞行条件复杂化的(影响不大)任何故障状态(功能故障,某种系统故障)不能归因于经常事件。

(4)〔备用〕。

(5)在分析由故障状态(功能故障,某种系统故障)引起的特殊情况(影响)时,需要考虑可能加剧初始故障状态(功能故障,系统故障的类型)后果(危险程度)的因素,包括飞机上与故障相关条件的、可能会影响机组人员处理直接后果的能力(例如烟雾、超载、通信中断、机舱内的压力变化等)。

(6)机组动作在分析特定故障状态(功能故障,系统故障类型)的后果时,包括机组人员的必需动作,应考虑故障(很多故障)的概率,是否有关于故障的信号(信息)和信号特征以及机组人员行动的复杂性。

2.3.4 带故障操作和外部作用(现象)

在分析故障状态(功能故障,系统类故障)的后果时,其评估应考虑关键的(确定的)外部作用(现象)及其概率。

确定使用限制时应考虑外部作用(现象)和故障状态(功能故障,系统故障的类型)的概率、飞机性能、操纵精度以及机载系统和设备的误差。

2.4 可接受的方法

2.4.1 〔备用〕

2.4.2 飞行安全影响评估

应通过可靠性分析和计算以及可能的功能系统故障类型对飞行安全影响进行评估,来证明本分部与第 25.1309 条(b)、(c)的符合性要求。该评估应针对每个系统并与其他系统一起进行,并在必要时得到地面和(或)飞行试验、飞行台上的试验或其他类型试验台上的试验和计算或模拟的支持。

（1）分析应包括可能的故障类型(包括各种系统中故障类型的可能组合),故障类型的概率评估要考虑飞行阶段、操作条件和机组人员对发生相应故障情况的突然性、所需的应对动作、故障检测的可能性、监控飞机状况和维护的程序。

（2）在分析具体系统时,可能会考虑使用类似系统的经验。

（3）在分析中应考虑某系统(多系统)特征的分散性。在这种情况下,可能利用所指特性的统计分布。

2.4.3 ［备用］

2.4.4 ［备用］

2.4.5 ［备用］

2.4.6 ［备用］

2.4.7 难以置信的事件

如果满足以下条件之一,则故障状态(功能故障,系统故障类型)可以归于难以置信的事件:

（1）该状态是由于所考虑的系统或与之相互作用的系统的各个要素连续两次或更多次连续故障而导致的,其沿着典型剖面每飞行小时的概率小于 10^{-9}。

（2）该状态是系统元件之一的具体机械故障(破坏、卡滞、断开)的后果,申请人利用以下方法证明这种故障是难以置信的:

- 对实际结构和型式进行分析;
- 对此类结构长期运行的可靠性进行统计评估(当有必需的数据);
- 根据与本规范适应性要求对应的章节要求,对相应的元件按照给定寿命确定的,或者按照其他受控参数许可的故障前状态确定的试验结果;
- 对批量生产中制造质量控制和采用的结构材料的原则以及工艺过程稳定性进行分析;
- 对技术维护的工具、方法和周期进行分析。

备注:当对具体的短期飞行阶段(区段)进行分析时,在评估单次和多次故障的概率时要考虑其持续性。

如果表明故障状态(故障类型,功能故障)属于实际上不可能发生的事件类别,则可以从特殊情况的进一步分析中排除此类事件,以证明符合本节的要求。

为了证明飞机符合 2.3.3(2)的要求,还必须附加满足以下条件之一:

● 故障状态(功能故障,系统故障类型)是由于两个或多个独立的连续故障的组合而导致发生的;

● 根据 2.4.7 第二个条件可以认为故障状态属于不可置信的;

● 故障状态是特定机械故障(例如,系统元素之一受阻)的结果,可以根据采用的设计方案和类似结构的操作经验结果,并结合生产质量控制原理和批量生产中所用结构材料、工艺流程的稳定性以及操作文档规定的维护手段、方法和技术维护周期,将故障状态归为不超过极小概率的事件。

2.4.8 功能状态导致出现紧急情况

如果故障状态(功能故障,系统故障类型)导致出现紧急情况(紧急影响),并且不能被归为不可置信的,则飞行操作手册应包括建议、允许机组人员采取一切可能的措施来防止紧急情况变为灾难性情况。

最好在飞行试验中验证这些建议。在有些情况下,当飞行验证与特别高的飞机损伤风险有关或明显不合适时,应通过对其他飞机的运行经验进行分析的结果来确认已制定的建议,这些飞机的设计认证,以及实验室试验、工作台试验、建模和计算的结果与原机接近。

2.4.9 故障状态导致出现复杂情况

如果故障状态(功能故障,系统故障类型)导致出现了复杂情况(重大影响),但并不能归类为不可置信的,则在这种情况下,飞行操作手册应包含机组人员完成飞行的说明。飞行操作手册对复杂情况下的动作说明应在飞行试验中得到验证,而不应要求机组人员过分的努力和非常规的驾驶技巧。在个别情况下,如果飞机结构及其系统不能模拟某种飞行故障,则允许在经认证过,进行这种(些)飞行试验的模拟飞行器上检验相关的飞行操作手册说明,或者在不利条件下重新计算试验结果。

2.4.10 故障状态使飞行条件变复杂

如果故障状态(功能故障,系统故障类型)使飞行条件变复杂,则飞行操作手册中应包含机组人员在飞行中如何继续飞行、如何使用系统,以及应对飞行故障的说明。如果这时故障状态(系统故障的类型)影响了驾驶,则应通过飞行试验或飞行模拟器来验证飞行操作手册中的说明。

AΠ-25-9 的该分部对故障导致的不同情况的出现概率进行了量化,并要求飞行手册中应列入应对故障的措施。

第3章

B 分部《飞行》对比分析

3.1　B 分部 AП‑25‑9 和 CCAR‑25‑R4 各条款名称及内容同异性

《运输类飞机适航标准》B 分部《飞行》中,AП‑25‑9 和 CCAR‑25‑R4 各包含的对应条款号、条款名称以及对应条款的内容同异性如表 3.1 所示。

表 3.1　B 分部《飞行》中 AП‑25‑9 和 CCAR‑25‑R4
对应的条款号、条款名称与同异性

序号	AП‑25‑9	CCAR‑25‑R4	内容是否相同
1	第 25.21 条　证明符合性的若干规定	第 25.21 条　证明符合性的若干规定	否
2	第 25.23 条　载重分布限制	第 25.23 条　载重分布限制	是
3	第 25.25 条　重量限制	第 25.25 条　重量限制	否
4	第 25.27 条　重心限制	第 25.27 条　重心限制	是
5	第 25.29 条　空重和相应的重心	第 25.29 条　空重和相应的重心	是
6	第 25.31 条　可卸配重	第 25.31 条　可卸配重	是
7	第 25.33 条　螺旋桨转速和桨距限制	第 25.33 条　螺旋桨转速和桨距限制	否
8	第 25.101 条　总则	第 25.101 条　总则	否

序号	AП-25-9	CCAR-25-R4	内容是否相同
9	第 25.103 条　失速速度	第 25.103 条　失速速度	是
10	第 25.105 条　起飞	第 25.105 条　起飞	否
11	第 25.107 条　起飞速度	第 25.107 条　起飞速度	否
12	第 25.109 条　中断起飞距离	第 25.109 条　加速-停止距离	是
13	第 25.111 条　起飞航迹	第 25.111 条　起飞航迹	否
14	第 25.113 条　起飞距离和起飞滑跑距离	第 25.113 条　起飞距离和起飞滑跑距离	是
15	第 25.115 条　开始爬升航迹	第 25.115 条　起飞飞行航迹	否
16	第 25.117 条　爬升：总则	第 25.117 条　爬升：总则	是
17	第 25.119 条　着陆爬升：全发工作	第 25.119 条　着陆爬升：全发工作	否
18	第 25.121 条　爬升：单发停车	第 25.121 条　爬升：单发停车	否
19	第 25.123 条　航路飞行航迹	第 25.123 条　航路飞行航迹	否
20	第 25.125 条　着陆	第 25.125 条　着陆	否
21	第 25.125A 条　要求的着陆距离		否
22	第 25.143 条　总则	第 25.143 条　总则	否
23	第 25.145 条　纵向操纵	第 25.145 条　纵向操纵	否
24	第 25.147 条　航向和横向操纵	第 25.147 条　航向和横向操纵	否
25	第 25.149 条　最小操纵速度	第 25.149 条　最小操纵速度	否
26	第 25.161 条　配平	第 25.161 条　配平	否
27	第 25.171 条　总则	第 25.171 条　总则	是
28	第 25.173 条　纵向静态稳定性	第 25.173 条　纵向静稳定性	否

序号	AΠ-25-9	CCAR-25-R4	内容是否相同
29	第25.175条　纵向静稳定性的演示程序	第25.175条　纵向静稳定性的演示	否
30	第25.177条　横向和航向静稳定性	第25.177条　横向和航向静稳定性	否
31	第25.181条　动稳定性	第25.181条　动稳定性	是
32	第25.201条　失速演示	第25.201条　失速演示	否
33	第25.203条　失速特性	第25.203条　失速特性	否
34	第25.207条　失速警告	第25.207条　失速警告	否
35	第25.231条　纵向稳定性和操纵性	第25.231条　纵向稳定性和操纵性	是
36	第25.233条　航向稳定性和操纵性	第25.233条　航向稳定性和操纵性	否
37	第25.235条　滑行条件	第25.235条　滑行条件	是
38	第25.237条　风速	第25.237条　风速	否
39	第25.239条　水面喷溅特性、操纵性和稳定性	第25.239条　水面喷溅特性、操纵性和稳定性	是
40	第25.251条　振动和抖振	第25.251条　振动和抖振	否
41	第25.253条　高速特性	第25.253条　高速特性	否
42	第25.255条　失配平特性	第25.255条　失配平特性	否
	总条数：42	总条数：41	

从表3.1可以看出,在B分部《飞行》中,AΠ-25-9共有42条,CCAR-25-R4共有41条,其中内容相同的条款有13条,其余条款内容有差异,下面就对有差异的条款逐一进行对比分析。

3.2　B 分部 AΠ-25-9 和 CCAR-25-R4 有差异条款的对比分析

第 25.21 条　证明符合性的若干规定

本条款中 AΠ-25-9 与 CCAR-25-R4 的(a)~(f)点完全一样,AΠ-25-9 的(g)点与 CCAR-25-R4 不同,具体如下。

AΠ-25-9:

(g)本节有关结冰条件的要求仅适用于申请人要求飞机在结冰条件下飞行的合格审定。

(1)除 25.121(a)、25.123(c)、25.143(b)(1)和(b)(2)、25.149、25.201(c)(2)、25.239 和 25.251(b)~(e)外,在本规章附录 C 定义的结冰条件下飞行时必须满足本分部的每一项要求。25.207(c)和(d)的要求应在附录 C 定义的结冰条件下的着陆构型时满足,但对于其他构型则不需要满足。必须按附录 C 第二部分定义的冰积聚条件表明符合性,并假设飞机及其防冰系统按照申请人制定的并在飞机飞行手册中给出的飞机使用限制和操作程序下正常操作。

(2)除非申请人要求认证在本规章附录 O 规定的所有结冰条件下运行,否则本节除 25.105、25.107、25.109、25.111、25.113、25.115、25.121、25.123、25.143(b)(1)、25.143(b)(2)、25.143(c)(1)、25.149、25.201(c)(2)、25.207(c)、25.207(d)、25.207(e)(1)、25.239 和 25.251 从(b)~(e)外的在本规章附件 O 中定义的结冰条件下飞行的每项要求必须满足,以便安全退出这些条件。必须按附录 O 第 II 部分(b)、(d)定义的冰积聚条件表明符合性,并假设飞机及其防冰系统按照申请人制定的并在飞机飞行手册中给出的飞机使用限制和操作程序下正常操作。

(3)如果申请人要求在本规章附录规定的结冰条件范围的某些部分飞行,则除 25.121(a)、25.123(c)、25.143(b)(1)和(b)(2)、25.149、25.201(c)(2)和 25.251(b)~(e)外,应满足按本规章附录 O 中申请认证飞行定义的结冰条件区域部分的那些要求。25.207(c)和(d)的要求必须在附件 O 规定的所要求结冰条件下的着陆构型中得到满足,而对于其他构型则不需要满足。必须按附录 O 第 II 部分(b)、(d)定义的冰积聚条件表明符合性,并假设飞机及其防冰系统按照申请人制定的并在飞机飞行手册中给出的飞机使用限制和操作程序正常操作。

(4)对于结冰条件下的飞行,按 25.23 的载荷分配限制、按 25.25 的重量限制(本条性能要求规定的限制除外)和按 25.27 的重心限制与没有结冰的条件下飞行相比不允许有任何改变。

CCAR-25-R4:

(g) 本分部关于结冰条件的要求仅适用于进行结冰条件下飞行的合格审定申请人。

(1) 除25.121(a),25.123(c),25.143(b)(1)以及(b)(2),25.149,25.201(c)(2),25.207(c)以及(d),25.239和25.251(b)到(e)条款之外,在结冰条件下必须满足本分部的各项要求。必须按附录C定义的冰积聚条件表明符合性,并假设飞机及其防冰系统按照申请人制定的并在飞机飞行手册中给出的飞机使用限制和操作程序正常操作。

(2) 在结冰或冰积聚条件下飞行时,第25.23条中规定的载荷分布限制、第25.25条规定的重量限制(受本分部性能要求限制的除外)、第25.27条规定的重心限制与非结冰条件下的限制相比不得改变。

该条款中AΠ-25-9与CCAR-25-R4的主要差异在于,AΠ-25-9中除了要满足附录C的要求,还要满足附录O的要求。其根本原因是在AΠ-25-9中有关结冰的内容,不仅有附录C,还有附录O,而CCAR-25-R4中只有附录C。

第25.25条 重量限制

本条款中AΠ-25-9与CCAR-25-R4的(a)(2)不同,具体如下。

AΠ-25-9:

(a)(2) 表明符合按结构强度和本分部所有适用要求的最大重量。

CCAR-25-R4:

(a)(2) 表明符合每项适用的结构载荷要求和飞行要求的最重的重量。装有助推火箭发动机的飞机除外,这类飞机的最大重量不得超过按本部附录E规定的最重的重量。

本条款中AΠ-25-9删除了有关装有助推火箭发动机的重量限制要求。

第25.33条 螺旋桨转速和桨距限制

本条款中的AΠ-25-9与CCAR-25-R4的(a)、(b)两点完全一样,(c)(1)、(c)(2)也相同,但(c)(3)不同,具体如下。

AΠ-25-9:

(c)(3) 对涡轮螺旋桨发动机飞机,发动机在最大起飞扭矩限制下工作。

CCAR-25-R4:

(c)(3) 对活塞式发动机飞机,发动机在起飞进气压力限制下工作;对涡桨发动机飞机,发动机在最大起飞扭矩限制下工作。

此条款中AΠ-25-9取消了对活塞式发动机飞机的要求。在AΠ-25-9中取消了所有与活塞式发动机相关的内容。

第25.101条　总则

本条款中,AΠ-25-9的(b)(2)为[备用],而CCAR-25-R4中是有内容的。

AΠ-25-9:

(b)(2) [备用]

CCAR-25-R4:

(b)(2) 对于活塞发动机飞机,标准大气下相对湿度为80%。发动机功率的蒸汽压力修正按下表(略)。

本条款中,在AΠ-25-9中取消了与活塞式发动机相关的内容。

第25.105条　起飞

本条款中AΠ-25-9与CCAR-25-R4的(a)(2)和(c)(1)有差异,另外,AΠ-25-9比CCAR还多了(a)(2)(i*)点和(c)(1)(i*)点,具体如下。

AΠ-25-9:

(a)(2) 结冰条件下,如果在25.121(b)规定的起飞形态下,带有本规章附录C和O中定义的"起飞时结冰"类型的极限冰积聚,如果适用,依据25.21(g):

(i*) 为非结冰条件设定的 V_2 速度不提供25.143(h)中规定的起飞构型的机动性。

(c) 起飞性能必须基于下列条件:

(1) 对于陆上飞机和水陆两用飞机;

(i) 平整、干燥、潮湿或降雨覆盖的人工跑道;

(ii) 带湿槽,或多孔材料覆盖的人工跑道(如申请人希望);

(i*) 平整的人工土跑道(如申请人希望)。

CCAR-25-R4:

(a)(2) 在结冰条件下,如果25.121(b)规定的起飞形态下,带有附录C中定义的起飞冰积聚。

(c) 起飞数据必须基于下列条件:

(1) 对于陆上飞机和水陆两用飞机;

(i) 平整、干和湿的并有硬质道面的跑道;和

(ii) 申请人如有选择时,带沟槽,或多孔摩擦的湿硬质道面的跑道。

本条款中,两个规章的主要差别在于:① AΠ-25-9(a)(2)中包含了附录C和O的要求,而CCAR-25-R4中只有附录C的要求;② AΠ-25-9中添加了(a)(2)(i*)的要求;③ (c)点对跑道条件的定义不完全相同。

第25.107条 起飞速度

本条款中 AΠ-25-9 和 CCAR-25-R4 从(a)~(h)点中只有(b)(1)(i)和(e)(1)(iv)不同,其余相同,具体如下。

AΠ-25-9:

(b)(1)(i) 双发和三发涡轮螺旋桨发动机飞机;

(e)(1)(iv) 当前轮以其最大可行角速度抬离跑道时,可导致 V_{LOF} 不小于:

(A) 全发工作 V_{MU} 的110%,且不小于按单发停车推重比确定的 V_{MU} 的105%;

(B) 如果 V_{MU} 达到飞机的几何形状的限制(尾部接触跑道),则所有发动机都运行时——$1.08V_{MU}$,当相应的推力由一台发动机不工作时确定——$1.04V_{MU}$。

CCAR-25-R4:

(b)(1)(i) 双发和三发涡轮螺旋桨和活塞发动机飞机;

(e)(1)(iv) 某一速度,如果飞机在该速度以实际可行的最大抬头率抬头,得到的 V_{LOF} 将不小于全发工作 V_{MU} 的110%,且不小于按单发停车推重比确定的 V_{MU} 的105%;

本条款中,两个规章的主要差别在于:

(1) AΠ-25-9 中取消了活塞发动机飞机相关的内容;

(2) AΠ-25-9 中增加了当 V_{MU} 受限时 V_{LOF} 的值。

第25.111条 起飞航迹

本条款中 AΠ-25-9 和 CCAR-25-R4 的(c)(5)(i)和(c)(5)(ii)不同,且CCAR-25-R4 多了(e)点,具体内容如下。

AΠ-25-9:

(c)(5)(i) 在本规章附录 C 和附录 O 中规定的"带冰起飞"类型最极限冰积聚下,从超过起飞表面 10.7 m 的高度到飞机高于起飞表面 122 m 的点;和

(c)(5)(ii) 在本规章附录 C 和附录 O 中规定的"起飞末端带冰"类型最极限冰积聚下,从飞机高于起飞表面 122 m 直到起飞航迹末端。

CCAR-25-R4:

(c)(5)(i) 在附录 C 中规定的冰积聚条件下,从超过起飞表面 10.7 米(35 英尺)的高度到飞机高于起飞表面 120 米(400 英尺)的点;和

(c)(5)(ii) 在附录 C 中规定的起飞最后阶段冰积聚条件下,从飞机高于起飞表面 120 米(400 英尺)直到起飞航迹末端。

(e) 对于装有助推火箭发动机的飞机,起飞航迹可按附录 E 的第 II 条确定。

本条款中,两个规章的主要差别在于:

(1) AΠ-25-9 的(c)(5)(i)和(c)(5)(ii)要求按本规章附录 C 和附录 O 的

规定,而 CCAR - 25 - R4 只要求按附录 C 中的规定;

(2) AΠ - 25 - 9 删除了(e),即与助推火箭飞机相关的内容。

第 25.115 条　开始爬升航迹

本条款中 AΠ - 25 - 9 和 CCAR - 25 - R4 的(a)、(b)、(c)都相同,但 AΠ - 25 - 9 附加了(a*)点,具体如下。

AΠ - 25 - 9:

(a*) 每个点的净起飞路径的斜率不得为负。飞行手册中考虑,净起飞路径必须至少在障碍物上方 10.7 m。

该条款中 AΠ - 25 - 9 特别增加了净起飞航迹上每个点的斜率不得为负以及净起飞航迹在障碍物上方的具体高度要求。

第 25.119 条　着陆爬升:全发工作

本条款中 AΠ - 25 - 9 和 CCAR - 25 - R4 的(b)不同,具体如下。

AΠ - 25 - 9:

(b) 带有本规章附录 C 和附录 O 定义的《着陆结冰》型的极限冰积聚结冰条件下,爬升速度 V_{REF} 由 25.125(b)(2)(ii)确定。

CCAR - 25 - R4:

(b) 在结冰条件下,带有附录 C 定义的着陆冰积聚,爬升速度 V_{REF} 由 25.125(b)(2)(ii)确定。

本条款中 AΠ - 25 - 9 要求按本规章附录 C 和附录 O 定义的极限冰积聚结冰条件,而 CCAR - 25 - R4 只要求按 C 定义的着陆冰积聚,因为 CCAR - 25 - R4 中无附录 O。

第 25.121 条　爬升:单发停车

本条款中 AΠ - 25 - 9 与 CCAR - 25 - R4 的(a)点完全相同;(b)(1)(i)和(b)(2)(ii)不同,且 AΠ - 25 - 9 中附加了(A*);(c)(2)(ii)也不同,且 AΠ - 25 - 9 中附加了(A*);(d)(2)(ii)不同,具体如下。

AΠ - 25 - 9:

(b)(1)(i) 临界发动机停车,而其余发动机(除非随后沿飞行航迹在飞机达到高于起飞表面 122 m 高度之前,存在更临界的动力装置运转状态)处于按第 25.111 条确定的起落架完全收起时的可用起飞功率(推力)状态;

(b)(2)(ii) 在本规章附录 C 和 O 中定义的"起飞结冰"类型的最关键结冰条件下,如果 25.21(g)适用,并符合 25.121(b)确定的"起飞结冰"冰积聚;

(A*) 非结冰条件规定的 V_2 速度不保证 25.143(h)点中给定的起飞构型的机动性;

（c）（2）（ii）在本规章附录 C 和 O 中定义的"起飞航迹末端结冰"类型的最临界冰积聚的结冰条件下,如果适用于 25.21（g）,并表明符合 25.121（b）形态下,使用"起飞结冰"类型的冰积聚来证明符合 25.111（c）（5）（i）;

（A*）为非结冰条件确定的速度 V_{FTO} 不提供 25.143（h）中规定的航路飞行构型的机动性。

（d）（2）（ii）在本规章附录 C 和 O 中定义的"进场结冰"类型的最关键冰积聚的结冰条件下,并与 25.21（g）符合。按照本条（d）（1）（iii）中计算出的结冰条件下的爬升速度不超过非结冰条件下的爬升速度 5.6 km/h 校正空速或 3% 的较大者,则可以采用非结冰条件下的爬升速度。

CCAR - 25 - R4:

（b）（1）（i）临界发动机停车,而其余发动机（除非随后沿飞行航迹在飞机达到高于起飞表面 120 米（400 英尺）高度之前,存在更临界的动力装置运转状态）处于按第 25.111 条确定的起落架完全收起时的可用起飞功率（推力）状态;

（b）（2）（ii）在结冰条件下,如果 25.121（b）规定的起飞形态下,带有附录 C 中定义的起飞冰积聚;

（c）（2）（ii）在结冰条件下,如果 25.121（b）条规定的起飞形态下,带有附录 C 中定义的起飞最后阶段冰积聚;

（d）（2）（ii）在结冰条件下,如果带有附录 C 定义的进场冰积聚,按照本条（d）（1）（iii）中计算出的结冰条件下的爬升速度不超过非结冰条件下的爬升速度 3 节校正空速或 3% 的较大者,则可以采用非结冰条件下的爬升速度。

本条款中 AΠ - 25 - 9 与 CCAR - 25 - R4 的主要区别在于:

（1）（b）（1）（i）中规定的"飞机达到高于起飞表面 122 m 高度",AΠ - 25 - 9 为 122 m,CCAR - 25 - R4 为 120 m;

（2）AΠ - 25 - 9（b）（2）（ii）中增加的（A*）点规定了非结冰条件规定的速度 V_2 不保证 25.143（h）点中给定的起飞构型的机动性;

（3）AΠ - 25 - 9（c）（2）（ii）中增加的（A*）点规定了非结冰条件确定的速度 V_{FTO} 不提供 25.143（h）中规定的航路飞行构型的机动性;

（4）AΠ - 25 - 9 中的结冰条件都按附录 C 和附录 O 定义,而 CCAR - 25 - R4 都只按附录 C 的定义。

第25.123条　航路飞行航迹

本条款中,AΠ - 25 - 9 和 CCAR - 25 - R4 的（b）（2）不同,且 AΠ - 25 - 9 增加了（a*）,具体区别如下。

AΠ - 25 - 9:

（b）（2）在本规章附录 C 和 O 中定义的"航线飞行结冰"类型的最关键冰积聚

的结冰条件下,如果适用,依据 25.21(g):

(a*) 在飞行手册中推荐的水平飞行高度下,(b)和(c)中指定的净爬升梯度应为正值。

CCAR - 25 - R4:

(b)(2) 在结冰条件下,在本规章附录 C 定义的飞行途中冰积聚,如果:

本条款中 AΠ - 25 - 9 与 CCAR - 25 - R4 的主要区别在于:

(1) (b)(2)点中,AΠ - 25 - 9 规定按本规章附录 C 和 O 中定义的"航线飞行结冰"类型的最关键冰积聚的结冰条件,而 CCAR - 25 - R4 规定按本规章附录 C 定义的飞行途中冰积聚结冰条件;

(2) AΠ - 25 - 9 强调了"(b)和(c)中指定的净爬升梯度应为正值"。

第 25.125 条 着陆

本条款中 AΠ - 25 - 9 和 CCAR - 25 - R4 的(a)(2)、(b)(2)(ii)(B)和(b)(2)(ii)(C)不同,具体如下。

AΠ - 25 - 9:

(a)(2) 在本规章附录 C 和 O 中定义的"着陆结冰"类型的最关键冰积聚的结冰条件下,并与 25.21(g)符合,如果结冰条件下的 V_{REF} 超过非结冰条件下的最大着陆重量所对应的 V_{REF} 9.3 km/h 以上;

(b)(2)(ii)(B) 在本规章附录 C 和 O 中定义的"着陆结冰"类型的最关键冰积聚的结冰条件下,并与 25.21(g)符合,如果 $1.23V_{SR0}$ 大于非结冰条件下的 V_{REF} 9.3 km/h 以上;和

(b)(2)(ii)(C) 在本规章附录 C 和 O 中定义的"着陆结冰"类型的最关键冰积聚的结冰,并与 25.21(g)符合,能保证 25.143(h)规定的机动能力的速度。

CCAR - 25 - R4:

(a)(2) 在结冰条件下,带有附录 C 定义的着陆冰积聚,如果结冰条件下的 V_{REF} 超过非结冰条件下的最大着陆重量所对应的 V_{REF} 5 节以上;

(b)(2)(ii)(B) 在附录 C 所规定的着陆冰积聚条件下,如果 $1.23V_{SR0}$ 大于非结冰条件下的 V_{REF} 5 节以上则取 $1.23V_{SR0}$;和

(b)(2)(ii)(C) 在附录 C 所规定的着陆冰积聚条件下,能保证 25.143(h)规定的机动能力的速度。

本条款中 AΠ - 25 - 9 与 CCAR - 25 - R4 的主要区别在于:AΠ - 25 - 9 按本规章附录 C 和 O 中定义的"着陆结冰"类型的最关键冰积聚的结冰条件下;而 CCAR - 25 - R4 按本附录 C 所规定的着陆冰积聚条件下。

第 25.125A 条 要求的着陆距离

这是 AΠ - 25 - 9 增加的条款,CCAR - 25 - R4 中无此条款。

АП－25－9：

（a）干燥跑道所需的着陆距离应不小于：

（1）全发工作时完成着陆时的着陆距离（见25.125）乘以一个系数：

（i）主机场为1.67；

（ii）备用机场为1.43；

（2）一台发动机故障着陆时的着陆距离。

（b）雨水覆盖的跑道所需的着陆距离不小于：

（1）全发工作并考虑到的跑道表面状况着陆时的着陆距离（见25.125）乘以1.43。

（2）由（a）（1）（i）确定（对主机场）的所需着陆距离。

（c）当在飞行试验时没有进行确定湿跑道的着陆距离，湿跑道所要求着陆距离应为干跑道的着陆距离（a）乘以1.15。

АП－25－9的本条款对不同情况和条件下要求的着陆距离给出了具体规定。

第25.143条 总则

本条款中，АП－25－9和CCAR－25－R4中的（c）、（d）、（i）（1）和（j）不同，且АП－25－9中增加了（k）和（l）两点，具体如下。

АП－25－9：

（c）在本规章附录C和附录O中规定的飞行各阶段的临界结冰条件下，并符合25.21（g），必须表明飞机在下列条件下有足够的安全操纵性能和机动能力，并且临界发动机不工作且其螺旋桨（如果适用）处于最小阻力位置。

（d）在本节（a）、（b）和（c）所需的试验中，对于常规盘式操纵，表3.2规定所允许的最大操纵力。

表3.2 机动时在驾驶盘或脚蹬上的力（АП－25－9）

施加杆力条件	机动时在驾驶盘或脚蹬上的力/kg		
	俯 仰	滚 转	偏 航
短时间作用			
驾驶盘（双手控制）	34.0	23.0	—
驾驶盘（单手控制）	23.0	11.5	—
脚蹬	—	—	68.0
持续作用	4.5	2.2	9.8

（ｉ）（１）必须用本规章附录 C 和附录 O 中规定的特定飞行阶段最临界的冰积聚演示可操纵性，如果适用于 25.21（g）。

（ｊ）在结冰条件下飞行时，在防冰系统开启并执行其预期功能之前，必须按附件 C 第 II 部分（e）和附件 O 第 II 部分（d）［如果适用于 25.21（g）］规定的最关键的冰聚集下飞行演示。

（ｋ）侧控制杆。

代替 25.143（d）中给出的俯仰和横滚控制的最大控制力，以及代替 25.145（b）和 25.175（d）的俯仰控制的具体要求，应表明短期和最大持续的侧向控制力大小对于所有预期的运行条件和飞机构型，在正常飞行和飞机系统故障时的飞行中都是可以接受的。飞行试验必须证明，在执行准确的飞行路径维护模式时，湍流不会导致与飞行员相关的控制回路问题。

（ｌ）电子飞行控制系统。

对于电子飞行控制系统（electronic flight control system，EFCS），包括当没有气动力（以最大攻角产生升力的能力）限制时的正过载限制系统。

① 正过载的限制不应小于：

（ｉ）当速度达到 V_{MO}/M_{MO}，EFCS 处于正常运行状态且收起增升装置时为 2.5。当速度高于 V_{MO}/M_{MO} 时，正过载可以逐渐降低到 2.25；

（ｉｉ）EFCS 处于正常运行状态且放出增升装置时为 2.0。

② 负过载的限制必须等于或小于：

（ｉ）-1.0，当 EFCS 在正常模式下运行且收起增升装置时；

（ｉｉ）当 EFCS 以正常模式运行并放出增升装置时为 0。

非横滚飞行时最大可能的正过载值可能受到飞行控制系统性能或飞行区域保护（除了过载限）的限制，前提是：

所需的值在转弯时很容易达到，并且在没有横滚的情况下飞行时，飞机对俯仰操纵偏转的响应得到令人满意的评估。

最大可能的负过载荷可能受到飞行控制系统性能或飞行区域保护（除了过载限）的限制，前提是：

● 在没有横滚的情况下飞行时，飞机对俯仰控制偏转俯冲的反应得到令人满意的评估；

● 在水平飞行模式下，很容易达到过载 0，或者在运行速度下（从 V_{LS} 到最大速度 18.5 km/h）。V_{LS} 速度是机组人员可以在自动油门或自动驾驶仪开启的情况下飞行的最低速度。最大速度——18.5 km/h 用以反映 V_{MO}/M_{MO} 与巡航速度之间的裕度，以及 V_{FE} 与放下机翼增升装置时的标准速度之间的典型裕度。

上述要求可以在飞机结构上没有结冰的情况下进行符合性验证。

CCAR - 25 - R4：

(c) 在附录 C 中规定的飞行各阶段的临界结冰条件下,必须表明飞机在下列条件下有足够的安全操纵性能和机动能力,并且临界发动机不工作且其螺旋桨(如果适用)处于最小阻力位置。

(d) 在本条(a)到(c)所需的试验中,对于常规盘式操纵,表 3.3 规定所允许的最大操纵力:

表 3.3 机动时在驾驶盘或脚蹬上的力(CCAR - 25 - R4)

施加在驾驶盘或方向舵脚蹬上的力,以牛(公斤;磅)计	俯 仰	滚 转	偏 航
短时作用(双手)	333(33;75)	222(23;50)	
短时作用(单手)	222(23;50)	111(11;25)	
短时作用			667(68;150)
持久作用	44(5;10)	22(2;5)	89(9;20)

(i)(1) 必须用附录 C 中规定的特定飞行阶段最临界的冰积聚演示可操纵性。

(j) 在结冰条件下飞行时,在防冰系统开启并执行其预期功能之前,采用以下要求。

本条款中 AΠ - 25 - 9 与 CCAR - 25 - R4 的主要区别在于:

(1) (c)点中,AΠ - 25 - 9 要求在本规章附录 C 和附录 O 中规定的飞行各阶段的临界结冰条件下,而 CCAR - 25 - R4 要求在本规章附录 C 规定的飞行各阶段的临界结冰条件下;

(2) (d)点规定的最大操作力不完全一样;

(3) (i)(1)点中,AΠ - 25 - 9 要求必须用本规章附录 C 和附录 O 中规定的特定飞行阶段最临界的冰积聚演示可操纵性,而 CCAR - 25 - R4 要求必须用附录 C 规定的特定飞行阶段最临界的冰积聚演示可操纵性;

(4) (j)点中,AΠ - 25 - 9 强调必须按附件 C 第 II 部分(e)和附件 O 第 II 部分(d)[如果适用于 25.21(g)]规定的最关键的冰聚集下进行飞行演示;

(5) AΠ - 25 - 9 增加了(1)点,规定了电子飞行控制系统的各种过载限制。

第 25.145 条 纵向操纵

本条款中 AΠ - 25 - 9 比 CCAR - 25 - R4 增加了(a*)和(b*),具体如下。

AΠ - 25 - 9:

(a*) 在飞行手册推荐的飞行形态的飞行状态下,并在原来的直线飞行状态下通过杆力进行了飞机配平,杆力随过载的梯度应对应于直到过载 $n_y = 0.5$ 的稳定性。当过载进一步减小到 $n_y = 0$ 或者在达到飞行手册规定的最小值 n_{ymin} 时,如果 $n_{min} < 0$,或者直到对应于舵完全"离你"的过载,不允许改变纵向控制杆力的符号。

（b*）交叉点不应（根据飞行员的评估）使驾驶困难。

本条款中 AΠ‑25‑9 增加了杆力随过载梯度变化的稳定性要求和交叉点的要求。

第 25.147 条　航向和横向操纵

本条款中,AΠ‑25‑9 和 CCAR‑25‑R4 中的(c)点不同,且 AΠ‑25‑9 中增加了(a*)、(b*)和(c*),具体如下。

AΠ‑25‑9:

（c）横向操纵:总则　必须在下列条件下能从速度等于 $1.4V_{SR1}$ 的定常飞行中,分别向停车发动机一侧和相反方向做 20°坡度的转弯。

（a*）横向操纵的有效性应确保飞机在以下状态以 30°的倾角从规定的转弯改出,并以 30°的倾角进入反向转弯（横向控制舵偏转在 7 s 之内不超过 90°）:

（1）以所有批准的形态或最关键的形态以速度 V_2 起飞;

（2）以所有批准的形态或最关键的形态以速度 V_{REF} 进场;

（3）在巡航、爬升和下降状态。在速度范围 $V_{MO}-V_D(M_{MO}-M_D)$ 中,允许横向操纵效率降低。

（b*）在本节(a*)指定的模式下,在飞机横滚过程中,当操纵杆位置不变时,横滚角速度的减小不应该大（按飞行员的评估）,偏航角不应过多减小。

（c*）当关键发动机出现故障且在故障后 2 秒钟内没有飞行员干预的情况下,飞机的可控性和过渡过程特性必须确保在排除故障过程中飞机不会超出迎角（过载）和滑移角的使用限制。建议这时的倾斜角不超过 45°。排除故障的对策不应包括操纵发动机、调整片,也不应要求大的操纵力。所指定的要求应在以下状态满足（全发工作飞行条件下对飞机进行初始配平）:

（1）发动机在起飞工作状态,以起飞形态和飞行手册推荐的全发工作下的飞行速度稳定爬升;

（2）发动机在航线飞行状态,以飞行形态和飞行手册推荐的速度范围稳定爬升;

（3）以飞行手册推荐的 V_{REF} 为进场速度,发动机工作状态按要求的 5%梯度降低,以着陆形态进场;

（4）以预计复飞的发动机状态下的形态及飞行手册推荐的速度进行复飞。

CCAR‑25‑R4:

（c）横向操纵:总则　必须在下列条件下能从速度等于 $1.3V_{SR1}$ 的定常飞行

中,分别向停车发动机一侧和相反方向作20°坡度的转弯。

相比于 CCAR - 25 - R4,本条款 AⅡ - 25 - 9 对航向和横向操纵提出了更为严格的要求和指标。

第25.149条 最小操纵速度

本条款中 AⅡ - 25 - 9 与 CCAR - 25 - R4 中的(e)点和(g)(1)点不同,具体如下。

AⅡ - 25 - 9:

(e) V_{MCG},地面最小操纵速度是起飞滑跑期间的校正空速,在该速度,当临界发动机突然停车时,能仅使用操纵力限制在68公斤的方向舵操纵(不使用前轮转向)和使用机翼保持水平的横向操纵来保持对飞机的操纵,使得采用正常驾驶技巧就能安全地继续起飞。在确定 V_{MCG} 时,假定全发工作时飞机加速的航迹沿着跑道中心线,从临界发动机停车点到航向完全恢复至平行于该中心线的一点的航迹上任何点偏离该中心线的横向距离不得大于 10 m。V_{MCG} 必须按下列条件制定:

(g)(1)飞机处于一台临界发动机停车进场和着陆的最临界形态。

CCAR - 25 - R4:

(e) V_{MCG},地面最小操纵速度是起飞滑跑期间的校正空速,在该速度,当临界发动机突然停车时,能仅使用操纵力限制在667牛(68公斤;150磅)的方向舵操纵(不使用前轮转向)和使用机翼保持水平的横向操纵来保持对飞机的操纵,使得采用正常驾驶技巧就能安全地继续起飞。在确定 V_{MCG} 时,假定全发工作时飞机加速的航迹沿着跑道中心线,从临界发动机停车点到航向完全恢复至平行于该中心线的一点的航迹上任何点偏离该中心线的横向距离不得大于9米(30英尺)。V_{MCG} 必须按下列条件制定:

(g)(1)飞机处于一台临界发动机停车进场和着陆的最临界形态,或申请人如有选择则为所选取的每一形态。

本条款中,AⅡ - 25 - 9 的(e)点规定"从临界发动机停车点到航向完全恢复至平行于该中心线的一点的航迹上任何点偏离该中心线的横向距离不得大于 10 m",而 CCAR - 25 - R4 中规定为9 m;AⅡ - 25 - 9 的(g)(1)点允许申请人的可选形态。

第25.161条 配平

本条款中 AⅡ - 25 - 9 与 CCAR - 25 - R4 的(c)(2)点不同,具体如下。

AⅡ - 25 - 9:

(c)(2)无动力下滑,速度不大于 $1.3V_{SR1}$,起落架放下,襟翼分别在:

（i）收起位置；

（ii）放下位置，且经批准的着陆重心位置和重量的不利组合。

CCAR－25－R4：

（c）（2）无动力下滑，速度不大于 $1.3V_{SR1}$；或者在相应于 3 度下滑角的功率设置的适当重量和形态下，速度在正常范围内的进场；取两者最严重情况，起落架放下，襟翼分别在：

（i）收起位置；和

（ii）放下位置，且经批准的着陆重心位置和重量的最不利组合。

本条款中，CCAR－25－R4（c）（2）多出了"或者在相应于 3 度下滑角的功率设置的适当重量和形态下，速度在正常范围内的进场；取两者最严重情况"。

第 25.173 条　纵向静态稳定性

本条款中，AΠ－25－9 和 CCAR－25－R4 的（c）点不同，且 AΠ－25－9 中增加了（a*）点，具体如下。

AΠ－25－9：

（c）杆力－速度曲线稳定的平均斜率不得低于 0.5 kg 每 10 km/h。

（a*）对于配备了特殊操纵措施的飞机，这些措施能保证平衡曲线 $P_B = f(V, M)$ 的稳定性能和足够的（按飞行员评估）在 $V_{SW} > V > V_{SR}$ 和 $V_{MO} < V < V_D$ 范围内正梯度操纵杆力，对于巡航形态，$V_{MO}/M_{MO} < V < V_D/M_D$；对于放出增升装置形态，$V_{FE} < V < V_F$；对于放下起落架飞行时，$V > V_{LE}$；使其很难无意超过 V_{SW} 和 V_{MO} 的限制，假定当飞行员的评估是正面的，在从 V_{SW} 到 V_{MO} 或 V_{FE} 速度范围内，对于放出增升装置的形态，或者对于放下起落架形态的 V_{LE}，允许舵力梯度为零。

CCAR－25－R4：

（c）杆力－速度曲线稳定的平均斜率不得低于 1 牛每 1.3 节（1 公斤每 13.2 节；1 磅每 6 节）。

本条款中的（c）点，AΠ－25－9 的斜率为 0.5 kg 每 10 km/h 时，而按 CCAR－25－R4 给出的数值，按同样单位换算出的值为 0.5 kg 每 12.23km/h；AΠ－25－9 增加的（a*）点，针对配备了特殊操纵措施的飞机，给出了允许零梯度杆力的前提条件。

第 25.175 条　纵向静稳定性的演示程序

本条款中 AΠ－25－9 与 CCAR－25－R4 的（a）（1）（iv）、（b）（1）（iv）和（b）（3）（ii）点不同，具体如下。

AΠ－25－9：

（a）（1）（iv）对于活塞发动机，由申请人选为爬升期间使用限制的最大功率

（推力）。

（b）（1）（ⅳ）对于活塞发动机，由申请人选为使用限制的最大巡航功率（推力）（见第25.1521条），但此功率（推力）不必超过在V_{MO}/M_{MO}时所需的值。

（b）（3）（ⅱ）对于涡轮发动机，由申请人选为使用限制的最大巡航功率（推力），但此功率（推力）不必超过以V_{LE}平飞所需的值。

CCAR-25-R4：

（a）（1）（ⅳ）对于活塞发动机，75%的最大连续功率；对于涡轮发动机，由申请人选为爬升期间使用限制的最大功率（推力）。

（b）（1）（ⅳ）对于活塞发动机，75%的最大连续功率；对于涡轮发动机，由申请人选为使用限制的最大巡航功率（推力）（见第25.1521条），但此功率（推力）不必超过在V_{MO}/M_{MO}时所需的值。

（b）（3）（ⅱ）对于活塞发动机，75%的最大连续功率，对于涡轮发动机，由申请人选为使用限制的最大巡航功率（推力），但此功率（推力）不必超过以V_{LE}平飞所需的值。

可以看出：AΠ-25-9不考虑活塞发动机的情况。

第25.177条　横向和航向静稳定性

本条款中，AΠ-25-9和CCAR-25-R4的（a）、（b）、（c）均不同，且AΠ-25-9中新增了（a*），具体如下。

AΠ-25-9：

（a）当放下或收起起落架和机翼增升装置，并且在速度从$1.13V_{SR}$到V_{FE}或相应的V_{FC}/M_{FC}时推力对称，飞机必须具有航向静态稳定性（证明在方向舵通道中释放控制时能消除由此产生的侧滑趋势）。

（b）在以下范围内，当放下或收起起落架和机翼增升装置，并在所有飞行速度（不包括放下增升装置时高于V_{FE}和放下起落架时高于V_{LE}）下推力对称，飞机必须具有横向静稳定性（证明在副翼通道中释放控制的情况下在侧滑飞行时迎风半翼上升的趋势）或在横向通道是静中立的：

（1）从$1.13V_{SR}$至V_{MO}/M_{MO}；

（2）从V_{MO}/M_{MO}到V_{FC}/M_{FC}，如果出现以下情况，横向静不稳定性是可以接受的：

（ⅰ）逐渐发展；

（ⅱ）易于被飞行员识别；和

（ⅲ）容易被飞行员应对。

（c）在直线定常侧滑飞行中，副翼和方向舵操纵行程和操纵力，必须基本上稳定地正比于侧滑角，并且该比例系数必须在与该飞机使用状态相应的整个侧滑角范围内,不超出安全运行所必需的限制。对更大的角度,直到相应于蹬满舵或方向舵脚蹬力达到 80 公斤的角度为止,方向舵脚蹬力不得有反逆现象,增加方向舵偏度必须使侧滑角增加。对于本款的符合性,必须根据适用情况,按所有起落架位置和襟翼位置以及对称动力状态,以 $1.13V_{SR1}$ 到 V_{FE},V_{LE} 或 V_{FC}/M_{FC} 的速度进行演示验证。

（a^*）当飞行中一台关键发动机失效,应该满足（c）点中指定的对称推力下单发故障飞行时推荐的速度范围内得到的滑移角（或侧倾角）极限内的要求。

CCAR‐25‐R4:

（a）［备用］。

（b）［备用］。

（c）在直线定常侧滑飞行中,副翼和方向舵操纵行程和操纵力,必须基本上稳定地正比于侧滑角,并且该比例系数必须在与该飞机使用状态相应的整个侧滑角范围内,不超出安全运行所必需的限制。对更大的角度,直到相应于蹬满舵或方向舵脚蹬力达到 800 牛（82 公斤,180 磅）的角度为止,方向舵脚蹬力不得有反逆现象,增加方向舵偏度必须使侧滑角增加。对于本款的符合性,必须根据适用情况,按所有起落架位置和襟翼位置以及对称动力状态,以 $1.13V_{SR1}$ 至 V_{FE}、V_{LE} 或 V_{FC}/M_{FC} 的速度进行演示验证。

本条款中,AП‐25‐9 对（a）、（b）两种飞行状态有稳定性要求,而 CCAR‐25‐R4 则无要求;（c）点中的脚蹬力大小有差别;AП‐25‐9 新增的（a^*）点补充了关键发动机失效时的要求。

第 25.201 条　失速演示

本条款 AП‐25‐9 和 CCAR‐25‐R4 的内容大致相同,但 AП‐25‐9 在（a）点新增了（1^*）和（2^*）,在（d）点新增了（1^*）。

AП‐25‐9:

（a）（1^*）仅对涡轮螺旋桨发动机的飞机以额定模式运行时。

（a）（2^*）当一台关键发动机停机且其余发动机按照飞机飞行手册规定的模式在一发停机高度飞行时,仅依靠工作发动机以不超过 5° 的侧倾角直线飞行。

（d）（1^*）出现不能即刻阻止的侧倾。

AП‐25‐9 新增的（a）（1^*）和（a）（2^*）补充了演示失速的两种状态,而（d）（1^*）为新增的可接受的失速现象。

第 25.203 条　失速特性

本条款中,AП‐25‐9 和 CCAR‐25‐R4 有完全一样的（a）、（b）、（c）点,但 AП‐25‐9 中新增了（a^*）和（b^*）。

АП-25-9：

（a*）在非对称推力下的水平失速，失速后飞机的运动不应过于剧烈，以至于平均技能的飞行员难以尽快使飞机改出失速并恢复对飞机的操纵。

（b*）到α_{CB}（失速攻角）之前，不允许动力装置工作能力的破坏，其破坏要求至少关闭其中一台发动机（喘振等）。

АП-25-9新增的点（a*）和（b*）增补了两个失速状态特性。

第25.207条　失速警告

本条款中，АП-25-9和CCAR-25-R4中的（e）、（h）点不同，具体如下。

АП-25-9：

（e）在结冰条件下，直线飞行和转弯飞行中的失速警告裕度应足够保证飞行员防止失速[按25.201（c）和（d）中定义的]，当失速警告出现后飞行员在不少于3秒开始改出机动。当验证本条的符合性时，飞行员应采取和非结冰条件下相同方式的改出机动。验证飞行时的飞机减速率应不超过1.85 km/h，在：

（1）飞机起飞阶段使用的每一形态下，按本规章附录C和附录O中定义[如果25.21（g）适用]的最临界的起飞冰积聚和起飞最后阶段冰积聚条件；

（2）航路飞行对应形态下按本规章附录C和附录O中定义[如果25.21（g）适用]的航路飞行临界冰积聚条件；

（3）飞机等待形态下按本规章附录C和附录O中定义[如果25.21（g）适用]的在等待区飞行的临界冰积聚条件；

（4）飞机进场形态下按本规章附录C和附录O中定义[如果25.21（g）适用]的进场临界冰积聚条件；

（5）飞机着陆和复飞时的形态下，按本规章附录C和附录O中定义[如果25.21（g）适用]的临界冰积聚条件。

（h）在结冰条件下飞行时，防冰系统开启并执行其预期功能之前，需要提供适当的触发失速警告的余量。应演示符合本规章附件C第Ⅱ部分（e）点和附件O第Ⅱ部分（d）点定义的最临界冰聚积，如果与25.21（g）相符。直线飞行和横滚飞行中的失速警告余量应足以使飞行员能够在下列情况下防止失速而不表现出任何不良性能：

（1）以不超过1.85 km/h/s的速度减速；

（2）飞行员将以与没有结冰情况相同的方式从失速中改出；和

（3）失速改出开始不早于：

（i）失速警告触发后一秒，前提是警告的提供方式与非结冰条件下飞行相同；或者

（ii）失速警告触发后三秒，前提是警告的提供方式不同于非结冰条件下飞行；

（iii）为证明符合本条（h）款，如果在结冰条件下的失速警告是通过非结冰条

件下飞行以外的其他方式提供的,则必须使用附录 C 第 II 部分(e)所定义的冰聚积来证明符合 25.203 的要求。必须使用 25.201 中规定的演示来证明符合此要求,但不要求根据 25.201(c)(2)演示减速率。

CCAR - 25 - R4:

(e) 在结冰条件下,直线飞行和转弯飞行中的失速警告裕度应足够保证飞行员防止失速[按 25.201(d)中定义的],当失速警告出现后飞行员在不少于 3 秒开始改出机动。当验证本条的符合性时,飞行员应采取和非结冰条件下相同方式的改出机动。验证飞行时的飞机减速率应不超过每秒 1 节,且:

(1) 对于起飞阶段使用的每一形态,按附录 C 中定义的更临界的起飞冰积聚和起飞最后阶段冰积聚条件;

(2) 飞机航路形态按附录 C 中定义的航路冰积聚条件;

(3) 飞机等待形态按附录 C 中定义的等待冰积聚条件;

(4) 飞机进场形态按附录 C 中定义的进场冰积聚条件;

(5) 飞机着陆形态按附录 C 中定义的着陆冰积聚条件。

(h) 在结冰条件下飞行时,防冰系统开启并执行其预期功能之前,用附录 C 第 II 部分(e)所定义的冰积聚,实施下列要求:

(1) 如果该防冰系统的开启取决于驾驶员看到参考表面上规定的冰积聚(并不是刚刚开始结冰),按本条要求实施,但本条(c)和(d)除外;

(2) 对于启动防冰系统的其他方法,当飞机以不超过每秒 1 节的减速率进行减速时,在直线和转弯飞行的失速警告裕度必须足以允许驾驶员防止飞机进入失速且不会出现任何不利的飞行状况,驾驶员应采取和非结冰条件下相同方式的改出机动。

(i) 如果提供失速警告的方式和非结冰条件下相同,驾驶员不得在警告出现后 1 秒内开始改出机动。

(ii) 如果提供失速警告的方式和非结冰条件下不同,驾驶员不得在警告出现后 3 秒内开始改出机动。此外,必须用 25.201 条的演示表明 25.203 条的符合性,但第 25.201(c)(2)条中的减速率不需要进行演示。

本条款中,AΠ - 25 - 9 中(e)的每一点都要求按本规章附录 C 和附录 O 中定义的冰积聚条件验证,而 CCAR - 25 - R4 中(e)的每一点都只要求按本规章附录 C 定义的冰积聚条件验证;AΠ - 25 - 9 中(h)点要求演示符合本规章附录 C 第 II 部分(e)点和附录 O 第 II 部分(d)点定义的最临界冰聚积,并且给出了失速警告裕度的要求。

第 25.233 条　航向稳定性和操纵性

本条款中,AΠ - 25 - 9 和 CCAR - 25 - R4 有完全一样的(a)、(b)、(c)点,但 AΠ - 25 - 9 中新增加了(a*)点。

АП－25－9：

（a*）所有许可使用的跑道表面条件都必须保证本条(a)、(b)、(c)的要求。同时,必须在干燥的跑道上证明(a)点规定的侧风值。对于许可使用的其他跑道表面状况,显示的侧风值必须符合申请人规定的限制。

АП－25－9增加的(a*)点特别强调了纵向稳定性和操纵性要求对应的跑道状况。

第25.237条　风速

该条款中,АП－25－9与CCAR－25－R4的(a)(3)(ii)点不同,具体如下。

АП－25－9：

（a)(3)(ii) 本规章附录 C 和附录 O 中规定的着陆冰积聚的结冰条件,如果与25.21(g)相符。

CCAR－25－R4：

（a)(3)(ii) 附录 C 中规定的着陆冰积聚的结冰条件。

本条款中АП－25－9要求本规章附录 C 和附录 O 中规定的着陆冰积聚的结冰条件,而 CCAR－25－R4 只要求附录 C 中规定的着陆冰积聚的结冰条件。

第25.251条　振动和抖振

本条款中,АП－25－9 和 CCAR－25－R4 有完全一样的(a)、(b)、(c)、(d)、(e)点,但 АП－25－9 中增加了(a*)点。

АП－25－9：

（a*）在巡航飞行状态以及沿航路爬升和下降状态,当改出到抖振边界或角度 $\alpha_{сигн}$(以哪个较早出现)时过载增量不应小于0.3。

该条款 АП－25－9 增加了改出到抖振边界或角度 $\alpha_{сигн}$ 时的过载增量要求。

第25.253条　高速特性

本条款中,АП－25－9 和 CCAR－25－R4 的(c)点不同,且 АП－25－9 中新增了(a)(4)和(a)(5),具体内容如下。

АП－25－9：

（a)(4) 足够的滚转控制效率,以确保能在 V_{DF}/M_{DF} 前的任何速度下从横向颠倾中改出。

（a)(5) 当在任何高于 V_{MO}/M_{MO} 的速度下,通过手动控制将空气制动器释放到最大可能的角度,直到在机动过程中超过速度 V_{DF}/M_{DF} 的速度(对于在 V_{MO}/M_{MO} 平衡的飞机),必须在飞行中证明不出现：

（i）如果飞行员没有采取行动来阻止空气制动器的释放,则正向过载过大;

（ⅱ）阻止飞行员驾驶飞机或读取仪表读数的抖振；

（ⅲ）飞行员认为不能接受的俯冲时刻。

（c）结冰条件下具有稳定性的最大速度在本规章附录 C 和附录 O［如果与 25.21（g）相符合］所规定的冰积聚条件下具有稳定性的最大速度，应当满足 25.143（g）、25.147（e）、25.175（b）（1）、25.177 和 25.181 条的要求，取下列值中较小值：

（1）556 km/h；

（2）V_{FC}；或者

（3）经演示由于动压的增加使机体不会产生冰积聚的速度。

CCAR－25－R4：

（c）结冰条件下具有稳定性的最大速度。在附录 C 所规定的冰积聚条件下具有稳定性的最大速度，应当满足 25.143（g）、25.147（e）、25.175（b）（1）、25.177 和 25.181 条的要求，取下列值中较小值：

（1）校正空速 300 节；

（2）V_{FC}；或

（3）经演示由于动压的增加使机体不会产生冰积聚的速度。

本条款中，AⅡ－25－9 的（a）（4）和（a）（5）增加了对增速特性和速度恢复特性的要求；而 AⅡ－25－9 的（c）点规定了在本规章附录 C 和附录 O 所规定的冰积聚条件，而 CCAR－25－R4 的（c）点只规定了按附录 C 所规定的冰积聚条件。

第 25.255 条　失配平特性

本条款中 AⅡ－25－9 与 CCAR－25－R4 的（f）点不同，具体如下。

AⅡ－25－9：

（f）在本条（a）规定的失配平状态，必须从 V_{DF}/M_{DF} 的超速情况，施加不大于 56 公斤的纵向操纵力，就能产生至少 1.5g 的法向加速度改出，此时可仅用纵向主操纵或辅以纵向配平系，如果采用纵向配平辅助产生所要求的载荷系数，必须在 V_{DF}/M_{DF} 表明能沿使飞机抬头的方向驱动纵向配平机构，而主操纵面承受的载荷对应于下列使飞机抬头操纵力中的最小者。

CCAR－25－R4：

（f）在本条（a）规定的失配平状态，必须从 V_{DF}/M_{DF} 的超速情况，施加不大于 556 牛（57 公斤；125 磅）的纵向操纵力，就能产生至少 1.5g 的法向加速度改出，此时可仅用纵向主操纵或辅以纵向配平系统，如果采用纵向配平辅助产生所要求的载荷系数，必须在 V_{DF}/M_{DF} 表明能沿使飞机抬头的方向驱动纵向配平机构，而主操纵面承受的载荷对应于下列使飞机抬头操纵力中的最小者。

本条款中的差别只是施加的纵向操纵力大小不同，AⅡ－25－9 中为 56 公斤，而 CCAR－25－R4 中为 57 公斤。

第4章

C 分部《结构》对比分析

4.1 C 分部 AΠ–25–9 和 CCAR–25–R4 各条款名称及内容同异性

《运输类飞机适航标准》25 部 C 分部《结构》中,AΠ–25–9 和 CCAR–25–R4 各包含的条款号、条款名称以及对应条款内容的同异性如表 4.1 所示。

表 4.1 C 分部中 AΠ–25–9 和 CCAR–25–R4
包含的条款号、条款名称与同异性

序号	AΠ–25–9	CCAR–25–R4	内容是否相同
1	第 25.301 条　载荷	第 25.301 条　载荷	是
2	第 25.302 条　系统与结构的相互作用		否
3	第 25.303 条　安全系数	第 25.303 条　安全系数	是
4	第 25.305 条　强度和变形	第 25.305 条　强度和变形	否
5	第 25.307 条　强度证明	第 25.307 条　结构符合性的证明	否
6	第 25.321 条　总则	第 25.321 条　总则	是
7	第 25.331 条　对称机动情况	第 25.331 条　对称机动情况	否
8	第 25.333 条　飞行机动包线	第 25.333 条　飞行机动包线	否

序号	AΠ-25-9	CCAR-25-R4	内容是否相同
9	第 25.335 条　设计空速	第 25.335 条　设计空速	否
10	第 25.337 条　限制机动载荷系数	第 25.337 条　限制机动载荷系数	否
11	第 25.341 条　突风和紊流载荷	第 25.341 条　突风和紊流载荷	否
12	第 25.343 条　设计燃油和滑油载重	第 25.343 条　设计燃油和滑油载重	否
13	第 25.345 条　增升装置	第 25.345 条　增升装置	否
14	第 25.349 条　滚转情况	第 25.349 条　滚转情况	否
15	第 25.351 条　偏航机动情况	第 25.351 条　偏航机动情况	否
16	第 25.361 条　发动机和辅助动力装置的扭矩	第 25.361 条　发动机扭矩	否
17	第 25.362 条　发动机故障载荷		否
18	第 25.363 条　发动机和辅助动力装置支架的侧向载荷	第 25.363 条　发动机和辅助动力装置支架的侧向载荷	否
19	第 25.365 条　增压舱载荷	第 25.365 条　增压舱载荷	是
20	第 25.367 条　发动机失效引起的非对称载荷	第 25.367 条　发动机失效引起的非对称载荷	否
21	第 25.371 条　陀螺载荷	第 25.371 条　陀螺载荷	否
22	第 25.373 条　速度控制装置	第 25.373 条　速度控制装置	是
23	第 25.391 条　操纵面载荷:总则	第 25.391 条　操纵面载荷:总则	否
24	第 25.393 条　平行于铰链线的载荷	第 25.393 条　平行于铰链线的载荷	是
25	第 25.395 条　操纵系统	第 25.395 条　操纵系统	否
26	第 25.397 条　操纵系统载荷	第 25.397 条　操纵系统载荷	否

序号	AⅡ-25-9	CCAR-25-R4	内容是否相同
27	第25.399条　双操纵系统	第25.399条　双操纵系统	否
28	第25.405条　次操纵系统	第25.405条　次操纵系统	否
29	第25.407条　调整片载荷的影响	第25.407条　配平调整片的影响	是
30	第25.409条　辅助控制面	第25.409条　调整片	否
31	第25.415条　地面停机突风情况	第25.415条　地面突风情况	否
32	第25.427条　非对称载荷	第25.427条　非对称载荷	否
33	第25.445条　辅助气动力面	第25.445条　辅助气动力面	否
34	第25.457条　襟翼、缝翼	第25.457条　襟翼	否
35	第25.459条　特殊设备	第25.459条　特殊装置	是
36	第25.471条　总则	第25.471条　总则	否
37	第25.473条　地面载荷情况和假定	第25.473条　着陆载荷情况和假定	否
38	第25.477条　起落架布置	第25.477条　起落架布置	否
39	第25.479条　水平着陆情况	第25.479条　水平着陆情况	否
40	第25.481条　尾沉着陆情况	第25.481条　尾沉着陆情况	否
41	第25.483条　单起落架着陆情况	第25.483条　单起落架着陆情况	是
42	第25.485条　侧向载荷情况	第25.485条　侧向载荷情况	否
43	第25.487条　回跳着陆情况	第25.487条　回跳着陆情况	是
44	第25.489条　地面操纵情况	第25.489条　地面操纵情况	是
45	第25.491条　滑行、起飞和着陆滑跑	第25.491条　滑行、起飞和着陆滑跑	否

续　表

序号	AΠ-25-9	CCAR-25-R4	内容是否相同
46	第 25.493 条　滑行刹车情况	第 25.493 条　滑行刹车情况	否
47	第 25.495 条　转弯	第 25.495 条　转弯	是
48	第 25.497 条　尾轮侧偏	第 25.497 条　尾轮侧偏	是
49	第 25.499 条　前轮侧偏与操纵	第 25.499 条　前轮侧偏与操纵	是
50	第 25.503 条　回转	第 25.503 条　回转	是
51	第 25.507 条　倒行刹车	第 25.507 条　倒行刹车	是
52	第 25.509 条　牵引载荷	第 25.509 条　牵引载荷	否
53	第 25.511 条　地面载荷:多轮起落架装置上的非对称载荷	第 25.511 条　地面载荷:多轮起落架装置上的非对称载荷	是
54	第 25.515A 条　摆振		否
55	第 25.519 条　顶升和系留装置	第 25.519 条　顶升和系留装置	否
56	第 25.521 条　总则	第 25.521 条　总则	否
57	第 25.523 条　设计重量和重心位置	第 25.523 条　设计重量和重心位置	否
58	第 25.525 条　载荷的假定	第 25.525 条　载荷的假定	是
59	第 25.527 条　船体和主浮筒载荷系数	第 25.527 条　船体和主浮筒载荷系数	否
60	第 25.529 条　船体和主浮筒着水情况	第 25.529 条　船体和主浮筒着水情况	否
61	第 25.531 条　船体和主浮筒起飞情况	第 25.531 条　船体和主浮筒起飞情况	是
62	第 25.533 条　船体和主浮筒底部压力	第 25.533 条　船体和主浮筒底部压力	否

序号	AΠ－25－9	CCAR－25－R4	内容 是否相同
63	第 25.535 条　辅助浮筒载荷	第 25.535 条　辅助浮筒载荷	否
64	第 25.537 条　水翼载荷	第 25.537 条　水翼载荷	是
65	第 25.561 条　总则	第 25.561 条　总则	是
66	第 25.562 条　应急着陆动力要求	第 25.562 条　应急着陆动力要求	是
67	第 25.563 条　水上迫降的结构 要求	第 25.563 条　水上迫降的结构 要求	是
68	第 25.571 条　结构的损伤容限和 疲劳评定	第 25.571 条　结构的损伤容限和 疲劳评定	否
69	第 25.581 条　闪电防护	第 25.581 条　闪电防护	否
70	25.581　附则		否
	总条数：70	总条数：66	

从表 4.1 可以看出,在 C 分部《结构》中,AΠ－25－9 共有 70 条,CCAR－25－R4 共有 66 条,其中内容相同的有 23 条,其余条款内容有差异,下面将对这些有差异的条款逐一进行对比分析。

4.2　C 分部 AΠ－25－9 和 CCAR－25－R4 有差异条款的对比分析

第 25.302 条　系统与结构的相互作用

CCAR－25－R4 中无此条款。

AΠ－25－9：

对于配备了或直接、或由于失效、或故障而影响飞机结构强度特性的系统的飞机,在证明与 C 和 D 分部的符合性要求时应考虑这些系统的影响及其故障。

该条款强调要考虑失效或故障而影响飞机结构强度特性的系统对结构强度的影响。

第 25.305 条　强度和变形

本条款中,AΠ - 25 - 9 和 CCAR - 25 - R4 的(a)、(b)、(c)、(d)、(e)点表述相同,但(f)点表述有差异。

AΠ - 25 - 9:

(f) 除经证明为极不可能的情况外,飞机必须设计成能承受因飞行操纵系统的任何故障、失效或不利情况而引起的结构的振动。这时出现的载荷必须根据 25.302 条的要求来解释。

CCAR - 25 - R4:

(f) 除经证明为极不可能的情况外,飞机必须设计成能承受因飞行操纵系统的任何故障、失效或不利情况而引起的结构强迫振动。这些强迫振动必须视为限制载荷,并必须在直到 V_C/M_C 的各种空速下进行研究。

本条款中 AΠ - 25 - 9 要求对出现的振动按 25.302 条解释,由于 CCAR - 25 - R4 中没有 25.302 条,CCAR - 25 - R4 对此视为限制载荷。

第 25.307 条　强度证明

本条款对应于 CCAR - 25 - R4 中的条款名称为"第 25.307 条　结构符合性的证明"。本条款中 AΠ - 25 - 9 和 CCAR - 25 - R4 的(b)、(c)、(d)点完全相同,但(a)点在表述上的差别。

AΠ - 25 - 9:

(a) 必须表明每一临界受载情况下均符合本分部的强度和变形要求。只有在经验表明某种结构分析方法对某种结构是可靠的情况下,对于同类的结构,才可用结构分析来表明结构的强度。

其余的条件下应进行验证性静力试验。除非主管当局认可,在每种具体工况下,更低载荷的试验可以提供等效的足够强度,否则,这些试验应进行到设计载荷。

CCAR - 25 - R4:

(a) 必须表明每一临界受载情况下均符合本分部的强度和变形要求。只有在经验表明某种结构分析方法对某种结构是可靠的情况下,对于同类的结构,才可用结构分析来表明结构的符合性。当限制载荷试验可能不足以表明符合性时,适航当局可以要求作极限载荷试验。

可以看出:AΠ - 25 - 9 强调了其余的条件下应进行验证性静力试验。

第 25.331 条　对称机动情况

本条款中,AΠ - 25 - 9 和 CCAR - 25 - R4(a)~(c)(1)的内容完全一样,但从

(c)(2)到本条结束,内容完全不一样。

AП-25-9中:

(c)(2)速度 V_A 和 V_D 之间的受控机动。应考虑以下当俯仰控制面偏转时的操作。在 V_A 和 V_D 范围内的任何速度下,飞机最初处于平衡状态,过载 $n_1 = 1$。必须研究直到过载值 n_{II} 和 n_{III} 的纵向受控机动,这时过载值在过渡状态达到最大值:

$$n_{\text{II}} = n_{\max(a)}^{\text{э}}, \quad n_{\text{III}} = 1 - \Delta n_{\text{ман}}, \text{但} \mid n_{\text{III}} \mid \leqslant \mid n_{\min(a)}^{\text{э}} \mid \tag{4.1}$$

式中,$\Delta n_{\text{ман}} = n_{\max(a)}^{\text{э}} - 1$;$n_{\min(a)}^{\text{э}}$ 和 $n_{\max(a)}^{\text{э}}$(见25.337条)。

假定执行机动的方式如下:操纵舵(手柄)在一个方向上急剧偏转,然后在返回之前,在另一个方向上偏转到比原始位置远得多的位置。作为近似,可以采用以下数学关系:

$$X = X_{\text{M}} \sin(\omega t) \tag{4.2}$$

式中,X_{M} 为操纵舵(手柄)的偏转幅值;ω 为飞机作为刚体的无阻尼固有短周期振动频率,但不小于 $2\pi/T$。这里 $T = 4V_A/V$,其中 V_A 是机动速度,V 是要分析的速度,两个速度以相同单位表示。

通常,假设舵(手柄)的返回更加平稳,那么只分析偏转的四分之三周期就足够了。

控制舵(手柄)的幅值 X_{M} 应该这样选择,以使飞机重心处的最大过载值(绝对值)不小于在初始朝向自己偏转的 n_{II} 或初始远离自身的 n_{III} 的值,如果上面(c)点给出的限制不妨碍它。但是,如果考虑到操纵系统中舵(手柄)的限制而无法达到这些过载,则应使用较大的 X_{M} 值进行计算,但应考虑到这些限制("截短的正弦曲线")来确定 X 的实际值。

备注:

(1)如果飞机的气动特性具有明显的非线性,则可以在对应稳定水平飞行的运动参数下将性能进行线性化处理,从而确定 ω 的值。在这种情况下,还应考虑在与"线性化"频率相差±10%的频率上的机动,以符合指定的限制。

(2)确定 ω 的值时还应考虑飞机上的自动控制系统(automatic control system, ACS)是正常运行还是故障状态。

CCAR-25-R4中:

(c)(2)规定的操纵器件移动。必须根据合理的俯仰操纵运动相对时间的剖面图确定校验机动,在此机动中不应超出第25.337条规定用于设计的限制载荷系数。飞机的响应必须产生不小于下述值的俯仰角加速度,但不可能达到或超过该值的情况除外:

(i)假定正俯仰角加速度(抬头)与等于1.0的飞机载荷系数[A_1 点到 D_1 点,第

25.333(b)条]同时达到。此正俯仰角加速度必须至少等于

$$\frac{39n}{V}(n-1.5), \quad (弧度 / 秒^2) \tag{4.3}$$

式中, n 为所考虑速度下的正载荷系数; V 为飞机的当量速度(节)。

（ⅱ）假定负俯仰角加速度(低头)与正机动载荷系数[A_2 点到 D_2 点,第 25.333(b)条]同时达到。此负俯仰角加速度必须至少等于

$$\frac{-26n}{V}(n-1.5), \quad (弧度 / 秒^2) \tag{4.4}$$

式中, n 为所考虑速度下的正载荷系数; V 为飞机的当量速度(节)。

这一条款中,AΠ‐25‐9 除了给出在速度 V_A 和 V_D 之间的受控机动时的过载限制,还描述了俯仰控制面偏转方式和偏转幅值,而 CCAR‐25‐R4 规定了抬头和低头机动时的角加速度限制。

第 25.333 条　飞行机动包线

本条款中,AΠ‐25‐9 和 CCAR‐25‐R4 的(a)点内容完全一样,但(b)点在表述上稍有差别。

AΠ‐25‐9:

（b）机动飞行工况包线(图 4.1)。

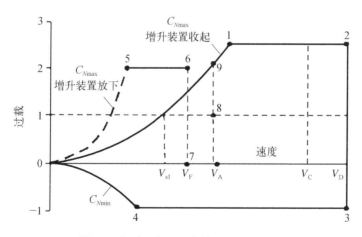

图 4.1　机动飞行工况包线(AΠ‐25‐9)

CCAR‐25‐R4:

（b）机动包线(图 4.2)。

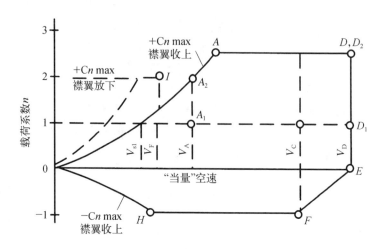

图 4.2 机动包线(CCAR - 25 - R4)

从两个包线图可以看出 AΠ - 25 - 9 与 CCAR - 25 - R4 中这一条款的区别为:

(1) AΠ - 25 - 9 飞行包线图上的工况用数字表示,速度点用英文字母表示,而 CCAR - 25 - R4 飞行包线图上的工况和速度点都用英文字母表示;

(2) AΠ - 25 - 9 飞行包线图上的负过载线,从"4"到"3"点是直线,"3"点对应最大速度和最大负过载的工况,而 CCAR - 25 - R4 中是从"H"到"F"再到"E"点的折线,没有对应 AΠ - 25 - 9"3"点的设计工况。

相对来说,AΠ - 25 - 9 的飞行包线更宽泛。

第 25.335 条 设计空速

该条款中 AΠ - 25 - 9 和 CCAR - 25 - R4 都有(a)~(f)点,其中(b)(1)点差别很大,其余内容完全相同。

AΠ - 25 - 9:

(b) 设计俯冲速度 V_D。必须选定设计俯冲速度 V_D 以使 V_C/M_C 不大于 $0.8V_D/M_D$,或使 V_C/M_C 和 V_D/M_D 之间的最小速度余量是下列值中的大者:

(1)(i) 未配备超速保护的飞机:飞机在速度 V_C/M_C 下平衡。在 20 秒内飞机航迹偏角下降到比初始值低 7.5°,然后退出俯冲,并产生达 1.5 的过载(过载增量为 0.5)。如果使用可靠或有裕度的空气动力学数据,则可以通过计算确定此机动过程中的速度增量。在开始退出俯冲之前,发动机的工作模式维持与 25.175(b)(1)(iv)的规定相符;在开始退出俯冲瞬间,允许功率降低并允许使用由飞行员控制的气动制动装置。

(1)(ii) 配有超速保护系统的飞机:与(b)(1)(i)不同,速度增量选为下列较大值:

（A）飞机在速度 $V_\mathrm{C}/M_\mathrm{C}$ 下平衡。飞机航迹角下降到比初始值低 $7.5°$。完全利用纵向控制来建立和保持给定的轨迹。在达到新轨迹后的 20 秒内，飞机手动退出，过载达到 1.5（过载增量为 0.5）或较大的过载，这是由保护系统在俯仰控制杆处于中立位置时自动产生的。如果使用可靠或有裕度的空气动力学数据，则可以通过计算确定在完成此机动过程中的速度增量。在开始退出俯冲之前，发动机的工作模式维持与 25.175(b)(1)(iv) 的规定相符；在开始改出俯冲瞬间，允许功率降低并允许使用由飞行员控制的气动制动装置。

（B）飞机在水平飞行中平衡，速度低于 $V_\mathrm{C}/M_\mathrm{C}$。飞机航迹角下降到比初始值低 $15°$［或者由超速保护系统提供的最大可能减小角度（如果小于 $15°$）］以达到 $V_\mathrm{C}/M_\mathrm{C}$。在达到 $V_\mathrm{C}/M_\mathrm{C}$ 之后且下降开始之前，俯仰操纵杆可以设为中立位置。超速警告触发（由速度、姿态等）3 秒后实现退出下降，过载为 1.5（过载增量为 0.5）或更大过载，它是由俯仰操纵杆处于中立位置时由保护系统自动产生的，同时降低了发动机的工作状态。允许使用任何可以达到最高速度的飞机制动方法。这些措施中的每一个动作要以至少 1 秒的间隔连续启动。

CCAR - 25 - R4：

（b）设计俯冲速度 V_D。必须选定设计俯冲速度 V_D 以使 $V_\mathrm{C}/M_\mathrm{C}$ 不大于 $0.8V_\mathrm{D}/M_\mathrm{D}$，或使 $V_\mathrm{C}/M_\mathrm{C}$ 和 $V_\mathrm{D}/M_\mathrm{D}$ 之间的最小速度余量是下列值中的大者：

（1）从以 $V_\mathrm{C}/M_\mathrm{C}$ 定常飞行的初始情况开始，飞机颠倾，沿着比初始航迹低 $7.5°$ 的飞行航迹飞行 20 秒钟，然后以载荷系数 1.5（0.5g 的加速度增量）拉起。只要所使用的气动数据是可靠的或保守的，则上述机动中出现的速度增量可采用计算值。开始拉起之前假定具有第 25.175(b)(1)(iv) 条规定的功率（推力），开始拉起时可以假定功率（推力）减小并使用驾驶员操纵的阻力装置。

（2）最小速度余量必须足以应付大气条件的变动（例如水平突风和穿过急流与冷峰），以及应付仪表误差和飞机机体的制造偏差。这些因素可以基于概率来考虑。但是在 M_C 受到压缩性效应限制的高度上，该余量不得小于 $0.07M$，除非用合理的分析考虑了所有自动系统的影响得到了更低的余度。在任何情况下，该余量不得小于 $0.05M$。

在该条款该点内容中，对于"使 $V_\mathrm{C}/M_\mathrm{C}$ 和 $V_\mathrm{D}/M_\mathrm{D}$ 之间的最小速度余量是下列值中的大者"，AΠ - 25 - 9 中对飞机有无配备超速保护系统做了不同的规定，即使对配有超速保护系统的飞机；AΠ - 25 - 9 还对"飞机在速度 $V_\mathrm{C}/M_\mathrm{C}$ 下平衡"和"飞机在水平飞行中平衡，速度低于 $V_\mathrm{C}/M_\mathrm{C}$"的不同状态下分别作了规定；而 CCAR - 25 - R4 则没有这些区分，描述相对简单。

第25.337条　限制机动载荷系数

本条款中，AΠ - 25 - 9 和 CCAR - 25 - R4(a)、(b)、(d) 点内容完全一样，而

（c）点内容不同。

АП－25－9：

（c）对于任一小于 V_D 的速度，最小（负）使用机动过载 $n^{\mathfrak{s}}_{\min(a)}$ 的绝对值不小于 1.0，即 $n^{\mathfrak{s}}_{\min(a)} \leqslant -1$。

CCAR－25－R4：

（c）对于负限制机动载荷系数，采用下列规定：

（1）在直到 V_C 的各种速度下，不得小于－1.0；

（2）必须随速度从 V_C 时的对应值线性变化到 V_D 时的零值。

该条款中（2）的区别源于 АП－25－9 和 CCAR－25－R4 负过载时飞行包线的不同（见25.333条）。

第25.341条 突风和紊流载荷

本条款中，АП－25－9 和 CCAR－25－R4 的（a）（2）、（a）（5）（i）、（a）（6）和（b）点不同。此外 АП－25－9 还新增了（c）点，其余部分相同。

АП－25－9：

（a）（2）突风形状必须是

$$U(s) = \frac{U_{\mathrm{ds}}}{2}\left[1 - \cos\left(\pi\, \frac{s}{H}\right)\right] \text{，当 } 0 \leqslant s \leqslant 2H \tag{4.5}$$

$$U(s) = 0\text{，当 } s > 2H$$

式中，s 为进入突风区的距离，单位为 m；U_{ds} 为用本条（a）（4）规定的当量空速表示的设计突风速度，单位为 m/s；H 为突风梯度，即突风达到其峰值速度时与飞机飞行航迹的平行距离，单位为 m。

（a）（5）采用下列有效突风速度：

（i）在 V_B 和 V_C 之间的飞行：在海平面，正负有效指示阵风速度为 17.07 m/s。有效指示阵风速度的值可以线性下降，从海平面的 17.07 m/s 到 4 572 m 高度的 13.41 m/s。有效指示阵风速度可以进一步线性下降，从 4 572 m 高度的 13.41 m/s 到 18 288 m 高度的 6.3 m/s。

（a）（6）飞行剖面缓和系数 F_g 必须从海平面值起线性增加到第 25.1527 条确定的最大使用高度时的 1.0。在海平面时，飞行剖面缓和系数由下列公式确定：

$$F_g = 0.5(F_{\mathrm{gz}} + F_{\mathrm{gm}}) \tag{4.6}$$

式中，$F_{\mathrm{gz}} = 1 - \left(\dfrac{Z_{\mathrm{mo}}}{76\,200}\right)$；$F_{\mathrm{gm}} = \sqrt{R_2 \mathrm{tg}\left(\pi\, \dfrac{R_1}{4}\right)}$，$R_1$ 为最大着陆重量/最大起飞重

量; R_2 为最大零燃油重量/最大起飞重量; Z_{mo} 为第 25.1527 条确定的最大使用高度,单位为 m。

(b) 连续突风设计条件除非提出更合理的方法,否则应使用暴露于连续湍流的设计条件来确定飞机对垂直和横向连续湍流的动态响应。动态分析必须考虑非稳态空气动力学特性和结构的所有固有自由度,包括刚体运动。使用载荷必须根据以下确定:

必须考虑对应于 25.321(b) 中规定的所有临界高度、重量、重量分布以及本条 (b)(3) 点所述间隔内的所有临界速度。

(1) 除本节 (b)(4) 和 (b)(5) 点规定外,应使用以下公式:

$$P_L = P_{Lny=1} \pm U_\sigma \bar{A} \tag{4.7}$$

式中, P_L 为使用载荷; $P_{Lny=1}$ 为过载为 1.0 时水平飞行条件下的载荷; $\bar{A}$ 为载荷均方值与湍流速度均方值之比; U_σ 为本条 (b)(3) 点指定的以真实空速表示的运行湍流强度。

(2) $\bar{A}$ 值由以下公式确定:

$$\bar{A} = \sqrt{\int_0^\infty |H(\Omega)|^2 \Phi(\Omega) \mathrm{d}\Omega} \tag{4.8}$$

式中, $H(\Omega)$ 为通过动态分析确定的频率响应函数,它与飞机结构中的大气湍流载荷有关; $\Phi(\Omega)$ 为大气湍流突风的归一化能量谱密度,由以下公式给出:

$$\Phi(\Omega) = \frac{L}{\pi} \frac{1 + \dfrac{8(1.339L\Omega)^2}{3}}{[1 + (1.339L\Omega)^2]^{\frac{11}{6}}} \tag{4.9}$$

式中, Ω 为空间频率,单位为 rad/m(rad/ft); L 为湍流尺度 = 762 m(2 500 ft)。

(3) 满足本条要求的以真实空速表示的运行湍流率 U_σ [单位为 m/s (ft/s)]为:

(i) 当飞机的速度在 V_B 和 V_C 之间:

$$U_\sigma = U_{\sigma ref} F_g \tag{4.10}$$

式中, $U_{\sigma ref}$ 为湍流的有效强度(真实突风速度),它随高度线性变化,从海平面的 27.43 m/s(90 ft/s TAS[①])到 7 315 m(24 000 ft)高度的 24.08 m/s(79 ft/s TAS),然后到 18 288 m(60 000 ft)高度保持恒定为 24.08 m/s(79 ft/s TAS); F_g 为由本条 (a)(6) 点给定的飞行剖面确定的阵风减少系数。

(ii) 当速度为 V_D 时, U_σ 等于根据本条 (b)(3)(i) 的要求获得的值的 1/2;

(iii) 在 V_C 和 V_D 之间的速度下, U_σ 由线性插值法确定;

_____

① 真空速(true air speed, TAS)。

（ⅳ）在所有速度下，必须考虑来自连续湍流的正、负载荷增量。

（4）如果分析中考虑了影响飞机动态响应的自动化系统，那么非线性系统对运行载荷的影响应该通过真实方法计算得到，或留有余量。

（5）［备用］。

（c）安装在机翼上的发动机的附加突风条件：

对于机翼上安装发动机的飞机，发动机支架、机翼支撑结构和挂架必须以发动机安装重心处的最大响应来设计，该响应源于飞机上采用的以下动态突风条件：

（1）按 25.341（a）定义的离散突风，以垂直于飞行航迹的任何角度单独作用；

（2）一对离散的阵风，一个为垂直方向阵风，另一个为侧向方向阵风。必须独立调整这些阵风的长度，以得到对应于 25.341（a）的最大响应。飞机进入组合阵风区，其阵风的垂直分量和侧向分量的相位的设置必须能得到一对阵风的最大响应。如果没有合理的分析，对所有六个自由度上的每个发动机安装最大载荷，利用以下公式：

$$P_{\text{L}} = P_{\text{Lny}=1} \pm \sqrt{L_{\text{vi}}^2 + L_{\text{Li}}^2} \tag{4.11}$$

式中，P_{L} 为使用载荷；$P_{\text{Lny}=1}$ 为过载为 1.0 时水平飞行条件下的载荷；L_{vi} 为根据 25.341（a）的垂直突风的最大载荷响应增量；L_{Li} 为根据 25.341（a）的侧向突风最大载荷响应增量。

CCAR - 25 - R4：

（a）（2）突风形状必须是

$$U = \frac{U_{\text{ds}}}{2} \left[1 - \cos\left(\pi \frac{s}{H} \right) \right], \text{对于} \ 0 \leqslant s \leqslant 2H \tag{4.12}$$

式中，s 为进入突风区的距离（米，英尺）；U_{ds} 为用本条（a）（4）规定的当量空速表示的设计突风速度；H 为突风梯度，即突风达到其峰值速度时与飞机飞行航迹的平行距离（米，英尺）。

（a）（5）采用下列参考突风速度：

（ⅰ）在飞机设计速度 V_{C} 时：必须考虑海平面上参考突风速度为 17.07 米/秒（56.0 英尺/秒）EAS[①] 的正负突风。参考突风速度可以从海平面 17.07 米/秒（56.0 英尺/秒）EAS 线性下降到 4 575 米（15 000 英尺）13.41 米/秒（44.0 英尺/秒）EAS。参考突风速度还可以进一步线性下降，从 4 575 米（15 000 英尺）13.41 米/秒（44.0 英尺/秒）EAS 下降到 15 200 米（50 000 英尺）7.92 米/秒（26.0 英尺/秒）EAS。

（a）（6）飞行剖面缓和系数 F_{g} 必须从海平面值起线性增加到第 25.1527 条确定的最大使用高度时的 1.0。在海平面时，飞行剖面缓和系数由下列公式确定：

---

① 等效空速（equivalent air speed, EAS）。

$$F_g = 0.5(F_{gz} + F_{gm}) \qquad (4.13)$$

式中，$F_{gz} = 1 - \left(\dfrac{Z_{mo}}{250\,000} \right)$；$F_{gm} = R_2 \tan\left(\pi \dfrac{R_1}{4} \right)$ 的平方根，R_1 为最大着陆重量/最大起飞重量，R_2 为最大零燃油重量/最大起飞重量；Z_{mo} 为第 25.1527 条确定的最大使用高度。

（b）连续突风设计准则。必须考虑飞机对垂直和横向连续紊流的动态响应。除非证明有更合理的准则，否则必须用本部附录 G 的连续突风设计准则来确定动态响应。

可以看出：AΠ－25－9 对突风的形状、速度给予了更具体的描述，而且增加了安装在机翼上的发动机的附加突风条件。

第 25.343 条　设计燃油和滑油载重

本条款中，AΠ－25－9 和 CCAR－25－R4 的（a）和（b）（1）（ii）点有差异，其余点基本相同。

AΠ－25－9：

（a）可调配载重的各种组合，必须包括从零燃油和滑油到选定的最大燃油和滑油载重范围内的每一燃油和滑油载重。可选定在第 25.1001（f）条（取适用者）所限定的运行条件下不超过 45 分钟余油的某种结构储油情况。

（b）（1）（ii）第 25.341 规定的阵风和湍流设计条件，但阵风速度等于 25.341（a）（4）规定值的 85% 和 25.341（b）（3）规定的湍流强度的 85%。

CCAR－25－R4：

（a）可调配载重的各种组合，必须包括从零燃油和滑油到选定的最大燃油和滑油载重范围内的每一燃油和滑油载重。可选定在第 25.1001（e）和（f）条（取适用者）所限定的运行条件下不超过 45 分钟余油的某种结构储油情况。

（b）（1）（ii）第 25.341（a）条的突风情况，但假定为第 25.341（a）（4）条规定的设计速度的 85%。

在本条款的（a）点中，CCAR－25－R4 相比 AΠ－25－9 的适用条款多了第 25.1001（e）；（b）（1）（ii）中 AΠ－25－9 比 CCAR－25－R4 描述得更加详细。

第 25.345 条　增升装置

本条款中，AΠ－25－9 和 CCAR－25－R4 的（a）、（b）、（c）、（d）点内容基本相同，只是（a）（1）点不同，另外，AΠ－25－9 还比 CCAR－25－R4 多了（a）（1*）点。

AΠ－25－9：

（a）如果在起飞、进场或着陆期间要使用增升装置（襟翼、缝翼或类似的增升装置),设计中认为:在直到25.335(e)中规定的V_F速度下,假定飞机有增升装置且位于适当位置,飞机上作用的载荷为:

(1)稳定机动时——对应正使用过载时直到2.0和0过载[见25.333(b)中的5、6、7工况];

(1*)在受控机动时——即对应25.331(c)(2),初始和极限过载分别为:$n_{\mathrm{I}}=1.0$,$n_{\mathrm{II}}=2.0$和$n_{\mathrm{III}}=0$。

CCAR−25−R4:

(a)如果在起飞、进场或着陆期间要使用襟翼,则假定在对应于这些飞行阶段的设计襟翼速度[按第25.335(e)条制定]下,且襟翼处于相应的位置,飞机经受对称机动和对称突风,必须由下列情况得到限制载荷:

(1)机动到正限制载荷系数2.0。

对比以上内容可以看出:(a)(1)中АП−25−9包含的工况更多;新增点(a)(1*)源于АП−25−9第25.331条,相比CCAR−25−R4第25.331条中"速度V_A和V_D之间的受控机动"的内容有所不同。

第25.349条　滚转情况

本条款中,АП−25−9和CCAR−25−R4的(a)点起始描述、(a)(1)不同,АП−25−9在(a)中还增加(5),(b)点内容相同,但АП−25−9中还有增加的(a*)点。

АП−25−9:

(a)机动必须把下列各种情况,速度和副翼偏转(可能受驾驶员作用力限制的偏转除外),同数值为零及等于设计中所用正机动载荷系数的三分之二的飞机载荷系数组合起来考虑。对于电子控制的飞机,控制面的运动与驾驶舱内控制装置的运动没有直接关系,这些情况必须结合飞机强度计算中采用的使用机动过载的零到三分之二范围内考虑。飞机强度计算中假定的机动超载,在确定所要求的副翼偏转时,必须按第25.301(b)条考虑机翼弹性的影响。

(1)必须研究相应于各种定常滚转速度的情况。此外,对于机身外面有发动机或其他集中重量的飞机,还必须研究相应于最大角加速度的情况。对于角加速度情况,在对机动的时间历程缺少合理的研究时,可以假定滚转速度为零;但是角加速度不能超过3 rad/s²。

(5)对于配备电子飞行控制装置的飞机,其操纵面的移动与驾驶舱内控制装置的移动没有直接关系,采用以下规定代替本条(a)(2)、(a)(3)和(a)(4)点:

(i)当速度为V_A时,应该突然移动驾驶舱中的横滚控制机构到止动。必须保持驾驶舱内横滚操纵机构的位置,直到达到稳定的横滚角速度,然后突然切换到中立位置;

（ii）当速度为 V_C 时,应该突然移动驾驶舱中的横滚控制机构并保持,以便获得至少达到本条（a）（5）（i）点的横滚角速度。驾驶舱内的滚转控制机构立即开始返回中立位置以达到稳定的横滚角速度;

（iii）当速度为 V_D 时,应该突然移动驾驶舱中的横滚控制机构并保持,以获得至少为本条（a）（5）（i）点中获得的横滚角速度的三分之一。

本点规定的条件是在没有任何偏航控制纠正措施（飞行员或系统启动）的情况下制定的,是为了得到最大滑移,作为单独的具有偏航控制纠正措施条件（飞行员或系统启动）,是为了最可能减小滑移。第一个条件（在没有任何控制偏航的纠正措施的情况下）在 25.302 中可以被认为是故障条件。

（a*）放下起降装置时的机动。要考虑在速度 V_F 和过载 $n = 1.5$ 的组合情况下,副翼急剧偏转到受设计约束、最大助力器功率或飞行员最大力量限制的一个角度。要按照本条（a）（1）点对稳态和非稳态滚转情况进行研究。

CCAR - 25 - R4:

（a）机动。必须把下列各种情况、速度和副翼偏转（可能受驾驶员作用力限制的偏转除外）,同数值为零及等于设计中所用正机动载荷系数的三分之二的飞机载荷系数组合起来考虑。在确定所要求的副翼偏转时,必须按第 25.301（b）条考虑机翼的扭转柔度。

（1）必须研究相应于各种定常滚转速度的情况。此外,对于机身外面有发动机或其他集中重量的飞机,还必须研究相应于最大角加速度的情况。对于角加速度情况,在对机动的时间历程缺少合理的研究时,可以假定滚转速度为零。

本条款 AΠ - 25 - 9 增加了对放下起降装置时的滚转机动设计载荷工况;在（a）中的起始描述中 AΠ - 25 - 9 多出了对于一些特殊情况的考虑;（a）（1）中在最后多出了对于角加速度的限制;新增的（a）（5）是对配备电子飞行控制装置的飞机操纵面的移动的规定;新增的（a*）是放下起降装置时的机动要求。

第 25.351 条　偏航机动情况

本条款中,AΠ - 25 - 9 和 CCAR - 25 - R4 的（a）、（b）、（d）点完全相同,AΠ - 25 - 9 中（c）点为[备用],而 CCAR - 25 - R4 中（c）点有内容。

CCAR - 25 - R4:

（c）当飞机偏航到静平衡侧滑角时,假定方向舵操纵器件保持,以获得在本条（a）中规定的限制值内最大可用方向舵偏转。

AΠ - 25 - 9 删除了（c）。

第 25.361 条　发动机和辅助动力装置的扭矩

本条款中,AΠ - 25 - 9 的名称为"发动机和辅助动力装置的扭矩",而 CCAR -

25－R4 的名称为"发动机扭矩",两者前半段的内容基本相同。本条款从不同的部分开始对比。

АП－25－9:

(a)(2) 本节(a)(1)中规定的发动机工作扭矩按以下获得:

(i) 对涡轮螺旋桨发动机,在给定功率/推力和速度下的平均扭矩乘以 1.25;

(ii) 对于其他涡轮发动机,在给定工况下,等于发动机旋转部件的最大角加速度引起的发动机工作扭矩。

(a)(3) 底架、挂架和支撑它们的结构必须设计成能够承受 1g 平飞载荷和对应于单独考虑以下情况时发动机工作扭矩的同时作用:

(i) 由于故障或其他异常情况导致发动机的旋转突然最大减速;

(ii) 发动机旋转部件的最大角加速度。

(b) 辅助动力装置的安装:

支架和支撑结构必须设计成能够承受 1g 平飞载荷和对应于单独考虑以下情况时发动机工作扭矩的同时作用:

(1) 辅助发动机因故障或其他异常情况突然最大减速;

(2) 辅助发动机旋转部件的最大角加速度。

CCAR－25－R4:

(b) 对于涡轮发动机装置,发动机架及其支承结构必须设计成能承受下列每一种载荷:

(1) 由于故障或结构损坏(例如压气机卡住)造成发动机突然停车所产生的发动机限制扭矩载荷;

(2) 发动机最大加速所产生的发动机限制扭矩载荷。

(c) 本条(a)考虑的发动机限制扭矩,必须由相应于规定的功率和转速的平均扭矩乘以下列系数得出:

(1) 对于涡轮螺旋桨装置,为 1.25;

(2) 对于有 5 个或 5 个以上汽缸的活塞发动机,为 1.33;

(3) 对于有 4、3、2 个汽缸的发动机,分别为 2、3、4。

对比该条款 АП－25－9 和 CCAR－25－R4 的内容可以看出,АП－25－9(a)(3)给出了发动机机架及其支承结构的载荷工况,而且特别强调了针对涡轮喷气发动机的情况。

第 25.362 条　发动机故障载荷

本条为 АП－25－9 新增内容。

(a) 对于飞机机体的发动机、挂架和支撑结构的连接,必须考虑设计载荷条件,包括水平飞行时的 1.0g 载荷与由动态分析确定的动态载荷和振动的组合,它们是由于叶片掉落、轴或轴承破坏以及鸟撞出现的。在这些设计载荷条件下的任何永久变形都不应妨碍继续安全飞行和着陆。

第 25.363 条　发动机和辅助动力装置支架的侧向载荷

本条款中,АП‒25‒9 和 CCAR‒25‒R4 的(a)点不相同,(b)点内容相同,但 АП‒25‒9 又增加了(a*)和(b*)点。

АП‒25‒9:

(a) 发动机和辅助动力装置支架及其支承结构必须按横向限制载荷系数(作为作用在发动机和辅助动力装置支架上的侧向载荷)进行设计,此系数至少等于由偏航情况得到的最大载荷系数,但不小于 1.33;

(a*) 当发动机位于机翼上时,以飞机轴线为准的横向载荷取值应不小于

$$P_z = \frac{\omega_x^2 r\, G_{\text{д}}}{9.81} \tag{4.14}$$

式中,$G_{\text{д}}$ 为发动机的重量;ω_x 为是根据第 25.349 条中指定的条件下得到的倾斜角速度的最大值;r 为从发动机重心到飞机纵轴的平面距离。

(b*) 还应考虑上述横向载荷和发动机重量载荷的组合作用。

CCAR‒25‒R4:

(a) 发动机和辅助动力装置支架及其支承结构必须按横向限制载荷系数(作为作用在发动机和辅助动力装置支架上的侧向载荷)进行设计,此系数至少等于由偏航情况得到的最大载荷系数,但不小于下列数值:

(1) 1.33;

(2) 第 25.333(b)条所述的飞行情况 A 的限制载荷系数的三分之一。

本条款中,АП‒25‒9 特别针对当发动机位于机翼上时辅助动力装置支架的侧向载荷,还指出在这种情况下必须考虑横向载荷和发动机重量载荷的组合作用。CCAR‒25‒R4 本条款中多出了(a)(2)。

第 25.367 条　发动机失效引起的非对称载荷

本条款中,АП‒25‒9 和 CCAR‒25‒R4 的(a)点起始部分描述稍有差别,(b)点完全一样。

АП‒25‒9:

(a) 飞机必须按由临界发动机失效引起的非对称载荷进行设计。对于四发或更多发动机的飞机,如果不能证明在相对于飞机对称面的一侧所有发动机同时或先后停机是小概率事件,必须考虑这种故障。这种情况下的设计条件需与主管当局协商。

飞机设计应考虑以下条件(涡轮螺旋桨飞机,螺旋桨阻力限制系统单个故障的组合),同时要考虑驾驶员在飞行操纵器件上预期的纠正动作。

CCAR - 25 - R4:

(a)飞机必须按由临界发动机失效引起的非对称载荷进行设计。涡轮螺旋桨飞机必须按下列情况和螺旋桨阻力限制系统单个故障的组合进行设计,同时要考虑驾驶员在飞行操纵器件上预期的纠正动作。

本条款中 AΠ - 25 - 9 和 CCAR - 25 - R4 的主要区别在于,AΠ - 25 - 9 特别强调了四发或更多发动机的飞机的情况,但不涉及有关涡轮螺旋桨飞机的相关内容。

第 25.371 条　陀螺载荷

本条款中,AΠ - 25 - 9 和 CCAR - 25 - R4 有些差异,具体如下。

AΠ - 25 - 9:

任何发动机或辅助动力装置的支承结构必须按第 25.331、25.341(a)、25.349、25.351、25.473、25.479 和 25.481 条中规定的当发动机或 APU 以最大运行速度对应的飞行条件情况下出现的载荷(包括陀螺仪)进行设计。为了与本条相符,必须满足第 25.331(c)(1)条的俯仰操纵,直到达到正的使用机动过载为止。

CCAR - 25 - R4:

任何发动机或辅助动力装置的支承结构必须按第 25.331 条、第 25.341(a)条、第 25.349 条、第 25.351 条、第 25.473 条、第 25.479 条、第 25.481 条中规定情况产生的包括陀螺载荷在内的载荷进行设计,且发动机或辅助动力装置处于与该情况相应的最大转速。为了符合本条的要求,必须满足第 25.331(c)(1)条的俯仰机动的要求直到达到正的限制机动载荷系数[第 25.333(b)条的 A_2 点]。

本条款中 CCAR - 25 - R4 多出了"且发动机或辅助动力装置处于与该情况相应的最大转速"的要求。

第 25.391 条　操纵面载荷:总则

本条款中,AΠ - 25 - 9 和 CCAR - 25 - R4 在起始描述部分有些差异,具体如下。

AΠ - 25 - 9:

操纵面必须按第 25.331 条、第 25.349 条、第 25.351 条和 25.367 条中的各种飞行情况以及第 25.415 条中的地面突风情况产生的限制载荷进行设计,并考虑下列要求。

CCAR - 25 - R4:

操纵面必须按第 25.331 条、第 25.341(a)条、第 25.349 条和第 25.351 条中的各种飞行情况及第 25.415 条中的地面突风情况产生的限制载荷进行设计,并考虑下列要求。

本条款 AΠ - 25 - 9 和 CCAR - 25 - R4 中都包含第 25.331 条、第 25.349 条、第 25.351 条以及第 25.415 条,但 AΠ - 25 - 9 还包含第 25.367 条,而 CCAR - 25 - R4 包含第 25.341(a)条。

第 25.395 条　操纵系统

本条款中,AΠ - 25 - 9 和 CCAR - 25 - R4(a)、(b)点相同,但是 CCAR - 25 - R4 多出了(c)点。

CCAR - 25 - R4:

(c) 系统限制载荷不得小于施加第 25.397(c)条规定的最小作用力所产生的载荷。

第 25.397 条　操纵系统载荷

本条款中,AΠ - 25 - 9 和 CCAR - 25 - R4(a)、(b)点有少许差异,(c)中的表格内容有差异,AΠ - 25 - 9 又增加了(d)、(a^*)、(b^*)、(c^*)、(d^*) 点。

AΠ - 25 - 9:

(a) 总则。假定本条(c)中规定的驾驶员最大和最小作用力像正常操纵一样作用在相应的操纵手柄或脚蹬上,这些力和施加在对应控制面上的载荷平衡。

(b) 驾驶员作用力。在操纵面飞行受载情况中,作用在操纵面上的空气载荷和相应的偏转量,不必超过在飞行中施加本条(c)规定范围内的任何驾驶员作用力可能导致的值。

(c) 驾驶员限制作用力和扭矩。驾驶员限制作用力和扭矩如表 4.2 所示。

表 4.2　驾驶员限制作用力和扭矩(AΠ - 25 - 9)

操　纵　器　件	限制力或扭矩
副翼: 　驾驶杆 　驾驶盘[①]	441 N $353D^2$ N・m
升降舵: 　驾驶杆 　驾驶盘(对称) 　驾驶盘(非对称)[③]	1 107 N 1 333 N 764 N
方向舵	1 333 N

① 驾驶盘副翼操纵系统部分还必须按单个切向力进行设计,此切向力的限制值等于表中确定的力偶力的 1.25 倍。

② D 为驾驶盘直径,单位为 m。

③ 非对称力必须作用在驾驶盘周缘的一个正常握点上。

（d）对于配备侧驾驶杆的飞机,其设计是从一只手腕而不是整只手施加力,飞行员施加的最大力必须如表4.3和表4.4所示。

（1）对于手柄及其挡块之间的所有元件。

表4.3　飞行员施加的最大力(对于手柄及其挡块之间的所有元件)

俯　仰		横　滚	
机鼻向上	980 N	机鼻向左	445 N
机鼻向下	980 N	机鼻向右	445 N

（2）对于所有其他侧向结构件,不包括电气传感器内部构件,为避免因飞行中的干扰而损坏。

表4.4　飞行员施加的最大力(对于所有其他侧向结构件)

俯　仰		横　滚	
机鼻向上	566 N	机鼻向左	224 N
机鼻向下	566 N	机鼻向右	224 N

（a*）如果操纵系统中有保证弹性行程余量的释放弹簧杆,则从释放弹簧杆计算得出的操纵力在以下两者中取较大值:

● 释放弹簧杆在压缩行程中的力,对应于系统从一个极限位置到另一个极限位置移动时安全系数为1.5;

● 释放弹簧杆的初始拉力安全系数为2.0。

（b*）方向舵控制部件必须有附加的设计,以承受一位飞行员同时为每个脚蹬施加136 kg的力的载荷。

（c*）副翼和舵(安定面)同时作用。在这种情况下,操纵部件应在下列操纵的同时载荷作用下进行校核:

（1）升降舵(全动安定面)和方向舵;

（2）升降舵(全动安定面)和副翼;

（3）方向舵和副翼。

这些载荷的大小应等于单独载荷工况时[见25.397(c)]使用载荷的75%。

（d*）操纵管路的备份段。以25.397(c)中规定的载荷的65%校核操纵管路各备份支段的强度。

CCAR - 25 - R4：

（a）总则。假定本条（c）中规定的驾驶员最大和最小作用力作用在相应的操纵器件握点或脚蹬上（以模拟飞行情况的方式），并且在操纵系统与操纵面操纵支臂的连接处受到反作用。

（b）驾驶员作用力的影响。在操纵面飞行受载情况中，作用在操纵面上的空气载荷和相应的偏转量，不必超过在飞行中施加本条（c）规定范围内的任何驾驶员作用力可能导致的值。如果按可靠的数据获得操纵面铰链力矩，则对于副翼和升降舵可取规定的最大值的三分之二，在应用此准则时，必须考虑伺服机构、调整片和自动驾驶系统的影响。

（c）驾驶员限制作用力和扭矩。驾驶员限制作用力和扭矩如表 4.5 所示。

表 4.5　驾驶员限制作用力和扭矩（CCAR - 25 - R4）

操 纵 器 件	最大作用力或扭矩	最小作用力或扭矩
副翼： 驾驶杆 驾驶盘[1]	445 牛（45.4 公斤；100 磅） 356D[2] 牛米（36.3D 公斤·米； 80D 磅·英寸）	178 牛（18.1 公斤；40 磅） 178D 牛米（18.1D 公斤·米； 40D 磅·英寸）
升降舵： 驾驶杆 驾驶盘（对称） 驾驶盘（非对称）[3]	1 110 牛（113 公斤；250 磅） 1 330 牛（136 公斤；300 磅）	445 牛（45.4 公斤；100 磅） 445 牛（45.4 公斤；100 磅） 445 牛（45.4 公斤；100 磅）
方向舵	1 330 牛（136 公斤；300 磅）	578 牛（59.0 公斤；130 磅）

① 驾驶盘副翼操纵系统部分还必须按单个切向力进行设计，此切向力的限制值等于表中确定的力偶力的 1.25 倍。

② D 为驾驶盘直径，单位为米（英寸）。

③ 非对称力必须作用在驾驶盘周缘的一个正常握点上。

分析 AΠ - 25 - 9 和 CCAR - 25 - R4 该条款的内容差异发现，对于操纵系统载荷，相比 CCAR - 25 - R4，AΠ - 25 - 9 增加了 4 种工况；在驾驶员限制作用力和扭矩的内容中，CCAR - 25 - R4 分别给出了最大值和最小值，而 AΠ - 25 - 9 只给出了最大值；AΠ - 25 - 9 的（a）是从平衡的观点来假设，CCAR - 25 - R4 的（a）是从作用力与反作用力的观点来假设；CCAR - 25 - R4 的（b）中增加了一种考虑的情况；此外主要是 AΠ - 25 - 9 新增了（d），对于飞行员施加的最大力进行了限制。

第25.399条 双操纵系统

本条款中，AΠ-25-9 和 CCAR-25-R4 的(a)点有差别，而(b)点内容完全相同。

AΠ-25-9:

(a) 双操纵系统必须按两个驾驶员反向操纵情况进行设计，此时所采用的每个驾驶员作用力不小于按第25.397条所指出载荷的75%。

CCAR-25-R4:

(a) 双操纵系统必须按两个驾驶员反向操纵情况进行设计，此时所采用的每个驾驶员作用力不小于下述载荷：

(1) 按第25.395条所得载荷的75%；

(2) 按第25.397(c)条中规定的最小作用力。

本条款的区别在于 CCAR-25-R4 第25.397(c)条中规定了最小作用力和力矩。

第25.405条 次操纵系统

本条款中，AΠ-25-9 和 CCAR-25-R4 的(a)点文字描述稍有不同，但(a)点中的"驾驶员操纵作用力限制值"表格内容有差异，另外，AΠ-25-9 又增加了(a*)和(b*)点，具体差异如下。

AΠ-25-9:

(a) 次操纵器件，例如机轮刹车、扰流板和调整片、发动机及其安装的操纵器件，必须按一个驾驶员很可能施于这些操纵器件的最大作用力进行设计。可采用如下数值(表4.6)。

表4.6 次操纵器件驾驶员操纵作用力限制值(AΠ-25-9)

操 纵 器 件	驾 驶 员 限 制 作 用 力
各类曲柄、盘或手柄①	$(1+0.39R)/7.57$ kg(R 为半径，单位为 cm)，但不小于 32.5 kg 和不大于 68 kg（适用于操纵平面20°以内的任何角度）
扭转	1.53 kg·m
推拉	由申请人选定

① 限于襟翼、调整片、安定面、扰流板和起落架使用的操纵器件。

（a*）为了检验由小曲柄操纵的发动机、阀门和其他组件的控制系统元件的强度,这些曲柄的限制臂力应不小于 20 kg。

（b*）由一名飞行员操作时,每个制动板（脚蹬）必须施加 75 kg 的工作负荷。负载的施加点是脚蹬的前缘。在双操纵系统中,还要额外检查两个飞行员的动作强度,每个飞行员都施加上述负载的 75%。

CCAR‐25‐R4:

次操纵器件,例如机轮刹车、扰流板和调整片的操纵器件,必须按一个驾驶员很可能施于这些操纵器件的最大作用力进行设计。可以采用如下数值（表 4.7）。

表 4.7 次操纵器件驾驶员操纵作用力限制值（CCAR‐25‐R4）

操纵器件	驾驶员限制作用力
各类曲柄、盘或手柄[①]	$\left(\dfrac{0.025\,4+R}{0.076\,2}\right)\times 222$ 牛 $\left[公制:\left(\dfrac{0.025\,4+R}{0.076\,2}\right)\times 22.7\ 公斤\right]$ 但不小于 222 牛（22.7 公斤;50 磅）,不大于 667 牛（68 公斤;150 磅） （R 为半径,单位为米）（适用于操纵平面 20° 以内的任何角度）
扭转 推拉	15 牛米（1.53 公斤·米;133 磅·英寸） 由申请人选定

① 限于襟翼、调整片、安定面、扰流板和起落架使用的操纵器件。

可以看出,AΠ‐25‐9 和 CCAR‐25‐R4 该条款（a）点中给出的各类曲柄、盘或手柄的驾驶员限制作用力大小不一样;并且,AΠ‐25‐9 又补充了小曲柄的限制臂力以及脚蹬的负荷大小。

第 25.409 条 辅助控制面

本条款中,AΠ‐25‐9 和 CCAR‐25‐R4 的（b）、（c）点除了文字表达稍有差别,内容基本相同;而（a）点有差异,AΠ‐25‐9 在第一段的同样文字后还增加了如下一段文字。

AΠ‐25‐9:

（a）在缺乏可靠数据的情况下,调整片的使用载荷按以下公式确定:

$$P_{\text{тр}} = \pm 0.55 q S_{\text{тр}} \tag{4.15}$$

式中,q 为对应速度 V_D 的最大速压,单位为 kg/m^2;S_{TP} 为调整片面积,单位为 m^2。

假定气动载荷压力重心位于距调整片前缘 40% 弦的位置,安全系数取 2.0。

AⅡ－25－9 添加的这一段给出了调整片载荷的具体计算公式和安全系数,在使用时更具操作性。

第25.415条　地面停机突风情况

本条款中,AⅡ－25－9 和 CCAR－25－R4 的(a)点中的起始描述有少许不同、(b)点基本相同,但 AⅡ－25－9 又在其后增加了(a*)和(b*)点,具体内容如下。

AⅡ－25－9:

(a)操纵系统必须在停机和顺风及侧风滑行时在操纵面上产生的风载作用下保证强度。

(a*)在评估控制面的强度时,可以假定来自风的空气动力载荷均匀分布在整个表面上。

(b*)此外,应考虑风在以下控制面上的动态影响:

(1)仅靠动力驱动才能停止运行,并且由于驱动器工作腔内完全或部分没有液体而长时间停放时可以在外部影响下移动,认为风速为 40 m/s;

(2)在滑行过程中,飞行员不施加反作用时从锁住状态释放后具有自由移动能力,风速为 15 m/s 或飞行手册允许的起飞、着陆和滑行风速,取较大者。

CCAR－25－R4:

(a)操纵系统必须按下列地面突风和顺风滑行产生的操纵面载荷进行设计。

可以看出,AⅡ－25－9 补充了风载在气动面上的分布方式和大小,以及风的动态影响。

第25.427条　非对称载荷

本条款中,AⅡ－25－9 和 CCAR－25－R4 的(a)、(b)、(c)点完全相同,但 CCAR－25－R4 有(d)点,AⅡ－25－9 没有(d)点;另外 AⅡ－25－9 在(c)点之后增加了(a*)和(b*)点,具体内容如下。

AⅡ－25－9:

(a*)必须考虑水平安定面和垂直安定面在所有工况下的组合载荷,这些工况是 25.331(b)、25.331(c)、25.341(a)、25.345(a)点中指定的水平安定面上的单独对称载荷和第 25.341(a)和 25.351 条中规定的垂直安定面上的载荷。这时,水平安定面和垂直安定面上的载荷应按本条(a*)(1)和(a*)(2)确定,认为在每种组合载荷工况它们是相同的,并导致飞行模式最严重的飞机结构工况条件(速度、高度、飞机重量等)。

(1)水平安定面上的载荷。

(i)在垂直平面稳定机动时的载荷由以下过载系数确定:

$$n_{\text{совм}} = 1 + 0.75(n - 1) \tag{4.16}$$

式中,n 为是该工况单独载荷下的过载;$n_{\text{совм}}$ 为组合载荷下的过载。

（ii）非稳态机动的载荷采用类似于单独载荷工况下的计算得出［见 25.331（c）（2）］,但应取以下过载值 n_{I}、n_{II} 和 n_{III}。

当收起起降装置时:

$n_{\text{I}} = 1$;$n_{\text{II}} = 1 + 0.75\Delta n_{\text{ман}}$;$n_{\text{III}} = 1 - 0.75\Delta n_{\text{ман}}$,但 $|n_{\text{III}}| \leqslant |1 - 0.75(1 - n_{\min(a)}^3)|$。

当放下起降装置时:

$n_{\text{I}} = 1$;$n_{\text{II}} = 1.75$;$n_{\text{III}} = 0.25$。

（iii）不必考虑以 V_A 速度进行机动时［见 25.331（c）（1）］与垂尾载荷的组合工况。

（iv）在不稳定气流中飞行时,载荷的 U_{ref} 值等于单独载荷下其值的 75%［见 25.341（a）］。

（2）垂直安定面上的载荷:

（i）机动时垂直尾翼上的载荷类似于单独加载工况下的计算来确定（见 25.351）,同时,脚蹬的偏转量等于单独工况时的 75%。

（ii）在不稳定气流中飞行时,载荷的 U_{ref} 值等于单独载荷下其值的 75%［见 25.351（b）］。

（iii）在组合工况下垂直安定面上的载荷可认为等于单独载荷作用下其值的 75%,飞机的侧滑角和方向舵偏角为单独载荷下的 75%。

（3）在水平和垂直尾翼的共同载荷工况下,应根据在共同载荷工况下确定的侧滑角来决定,假设水平尾翼上作用的载荷是不对称的。两半水平尾翼之间的载荷分布的不对称性必须根据在规定侧滑角的风洞实验来确定（垂直安定面在相应单独工况下的滑移角的 75%）。

（b*）当水平尾翼布置在垂直尾翼上时,应另外考虑垂直尾翼的组合载荷,这些载荷来源于单独载荷工况［25.341（a）,25.351］下其上的载荷以及水平尾翼上的非对称载荷。在这种工况下,水平尾翼上载荷是平飞时的平衡载荷。两半水平尾翼之间的载荷不对称分布应在对应于垂直尾翼载荷工况下的全侧滑角时在风洞中的测试来确定。

CCAR - 25 - R4:

（d）必须考虑到第 25.305（e）条中因抖振情况所造成的尾翼上的非对称载荷。

该条款中 AΠ - 25 - 9 增加了水平安定面和垂直安定面在所有工况下的组合载荷,考虑的工况更多,给出了载荷的具体值;CCAR - 25 - R4 则强调了必须考虑抖振情况所造成的尾翼上的非对称载荷。

第 25.445 条　辅助气动力面

本条款中,AΠ - 25 - 9 和 CCAR - 25 - R4 的（a）、(b)点完全相同,但 AΠ - 25 -

9 又在其后增加了(a^*)点,具体内容如下。

АП－25－9:

(a^*) 在没有更可靠的证据证明符合 25.445(a) 的情况下,可以:

(1) 根据 25.341(a)、25.351 和 25.367 将垂直尾翼上的总载荷分配到被分开的垂直安定面上时,65%的载荷作用在一个(左或右)安定面上,而 35%作用在另一个安定面上。

(2) 对于水平尾翼上分置有垂直尾翼的飞机上,必须考虑作用在每一半垂直尾翼上由于末端支持效应产生的附加载荷。

该条款中 АП－25－9 增加的(a^*)点对垂尾上的载荷分配给出了具体数值;另外,对垂尾分置在水平尾翼上的情况,强调了必须考虑末端的支持载荷。

第 25.457 条 襟翼、缝翼

本条款中,АП－25－9 和 CCAR－25－R4 的表述稍有不同。

АП－25－9:

襟翼、缝翼及其操纵机构与支承结构必须按第 25.345 条中规定情况得出的临界载荷进行设计,并计及它们从某一位置到另一位置并且飞行速度修订时所产生的载荷。

CCAR－25－R4:

襟翼及其操纵机构与支承结构必须按第 25.345 条中规定情况得出的临界载荷进行设计,并计及从某一襟翼位置和空速转换到另一襟翼位置和空速时所产生的载荷。

本条款中 CCAR－25－R4 多出了要考虑对于襟翼位置产生的载荷。

第 25.471 条 总则

本条款中,АП－25－9 和 CCAR－25－R4 的(a)、(b)、(c)点完全相同,但 АП－25－9 又在其后增加了(a^*)点,具体内容如下。

АП－25－9:

(a^*) 如果飞机打算在土机场上使用,则应确定允许起飞的设计起飞重量和着陆重量的最大允许值以及允许运行的土壤强度的最小许可值。可以在最小 σ_{min} 到最大 $\sigma_{max}=15\ kg/cm^2$ 的范围内设置设计起飞重量和相应土壤强度的几种组合。

如果土机场的起飞重量和着陆重量与人工表面机场的起飞重量和着陆重量相同,则只对土机场的运行条件进行强度分析,并考虑附加说明第 25.473 条和第 25.491 条。但是,如果显示的重量相差很大,则对每种接受的设计重量和土壤强度的组合,既要对人工表面机场,也要对土机场运行条件进行分析。

本条款中 АП－25－9 专门增加了针对土机场使用时起飞重量和着陆重量与

地面土壤强度组合的要求。

第 25.473 条　地面载荷情况和假定

本条款中,AΠ - 25 - 9 和 CCAR - 25 - R4 的(a)、(b)、(c)、(d)、(e)点基本相同,但(a)(2)、(a)(3)点表述有差别,(d)、(e)点不同;在(e)点之后,AΠ - 25 - 9 又增加了(a*)和(b*)点,具体内容如下。

AΠ - 25 - 9:

(a)(2) 在设计着陆重量下:

(i) 在 25.473(a*)中设定的使用下降速度(确定设计着陆重量时的运行能量的条件);

(ii) 最大下降速度等于 25.473(a*)中设定值的 1.225(确定设计着陆重量时的最大能量的条件)。

(a)(3) 在设计起飞重量和限制下沉速度等于 25.473(a*)给定速度的 0.8(确定设计起飞重量的操作能量的条件)。

(d) 在 25.473(a)中指定的条件下计算着陆时采用的起落架动态特性必须按第 25.723 条中的试验来验证。

(e) 可以通过考虑滑行速度和轮胎压力的效应来确定轮胎与地面之间的摩擦系数。但是,在吸收使用能量时并不需要大于 0.8,而在吸收最大能量时并不需要大于 0.5。还应考虑摩擦系数为零的飞机载荷。

(a*) 为了确定在设计着陆重量下飞机的极限速度,规定以下条件:

(1) 着陆冲击时飞机的等效垂直速度分量应为

$$V_V^{\ni} = 0.95 \cdot (V_V + \alpha_{\text{BПП}} V_L), \ \text{m/s} \tag{4.17}$$

式中,$\alpha_{\text{BПП}}$ 为飞机着陆区跑道面上的迎面坡度设计值;V_L 为主起落架触地时刻的飞机着陆速度,认为它不小于 $1.25 V_{L1}$[参见 25.479(a)(1),单位为 m/s];V_V 为飞机触地时刻的垂直速度分量,等于 1.5 m/s。

可以根据专门计算确定 V_V 值。

对于人工表面机场,取 $\alpha_{\text{BПП}} = 0.025$,对于准备好的土跑道,$\alpha_{\text{BПП}} = 0.035$。根据主管当局的同意,允许基于飞机运行机场的极限不平度特性来确定 $\alpha_{\text{BПП}}$ 的值。

(2) 在本条(a*)中规定的所有工况下,$V_V^{\ni}$ 的值均不应小于 3.05 m/s。

备注:对于一些飞机,如果按 25.473(a*)(1)公式得到的垂直速度超过了 25.473(a*)(2)中的指定值,允许采用 $V_V^{\ni} = 3.05$ m/s。但是在这种情况下,必须根据各种跑道的不平度特性来确定对飞机的其他限制。

(b*) 对于吸收最大能量的工况[见 25.473(a)(2)(ii)],在确定设计载荷时,允许采用降低的安全系数,最高为 1.0。如果该系数小于 1.3,则应由客观数据表明,在计算载荷作用下,飞机结构和起落架不会被破坏,也不会出现导致危险的强度降低。

CCAR - 25 - R4:

(a)(2) 设计着陆重量(以最大下沉速度着陆情况中的最大重量)时的限制下沉速度为 3.05 米/秒(10 英尺/秒)。

(a)(3) 设计起飞重量(以减小的下沉速度着陆情况中的最大重量)时的限制下沉速度为 1.83 米/秒(6 英尺/秒)。

(d) 起落架动态特性必须按第 25.723(a)条中确定的试验来验证。

(e) 可以通过考虑滑行速度和轮胎压力的效应来确定轮胎与地面之间的摩擦系数,此摩擦系数不必大于 0.8。

对该条款中(a)(3)进行对比分析可以看出,CCAR - 25 - R4 直接给出了下沉速度,而 AΠ - 25 - 9 中的下沉速度是需要按 25.473(a*)给定速度来计算的;AΠ - 25 - 9 增加的(a*)规定了着陆冲击时飞机的等效垂直速度分量,而(b*)针对吸收最大能量工况时给出了安全系数的取值;在(a)(2)中 AΠ - 25 - 9 的情况是根据本条(a*)来设定的,在(d)中 AΠ - 25 - 9 给出了一个根据本条(a)的限制条件,AΠ - 25 - 9 的(e)更为详细地考虑了摩擦系数的工况。

第 25.477 条　起落架布置

本条款 AΠ - 25 - 9 和 CCAR - 25 - R4 的第一段内容完全相同,但 AΠ - 25 - 9 增加了以下内容。

AΠ - 25 - 9:

25.485(b)中包括多支柱飞机起落架的附加载荷条件:三个主支柱,其中一个是中心支柱,位于飞机对称面。

该条款中 AΠ - 25 - 9 包括多支柱飞机起落架的相关描述,而 CCAR - 25 - R4 没有相关内容。

第 25.479 条　水平着陆情况

本条款 AΠ - 25 - 9 和 CCAR - 25 - R4 的(a)(3)、(c)(2)和(d)点差异较大,具体如下。

AΠ - 25 - 9:

(a)(3) 如果允许以大于 5 m/s 的顺风着陆,则必须研究接地速度提高的影响。必须考虑在机轮旋转过程中产生的最大迎面载荷(顺或逆飞行)及与之对应的垂直载荷在时间上的组合,以及最大垂直载荷与相应的迎面载荷在时间上的组合。

(c)(2) 前轮和主轮同时接地,如果在规定的下沉和向前速度下能够合理地获得这种姿态。如果无法达到这种姿态,则应考虑分别吸收 25.473 和 25.723 中定义的使用能量和最大能量时主支柱上的载荷。

（d）对本条(a)款中规定的受载情况补充以下载荷条件:

（1）必须将起落架和直接受影响的连接结构设计成最大地面垂直反作用力与一个向后的且不小于该最大地面垂直反作用力 25% 的阻力相结合。还应考虑仅受最大垂直载荷的作用。

（2）必须考虑在侧偏着陆中可能出现的最严重的组合载荷,其组合如下:

（i）当吸收使用[25.473(a)(2)(i)]和最大[25.473(a)(2)(ii)]能量时垂直载荷等于 75% 最大载荷,而正面和侧向载荷分别为:

● 当吸收使用能量时,分别为以上所指垂直载荷的 40% 和 25%;当吸收最大能量时,分别为以上所指垂直载荷的 30% 和 15%。

● 正面载荷等于零,而侧向载荷依据具体起落架的实验数据确定,取决于这些力与垂直载荷和轮偏角的关系,当吸收使用能量时轮偏角等于 ±10°,当吸收最大能量时轮偏角等于 ±5°。

（ii）假定减震器和轮胎变形相当于第 25.473(a)(2)条的最大地面反作用力产生的变形的 75%。不必考虑当轮胎泄气时该载荷工况。

（3）垂直载荷和正面载荷作用在轮轴上,侧向力作用在机轮和地面的接触点上。

CCAR – 25 – R4:

（a）（3）申请获准在超过 10 节的风速下顺风着陆,则必须研究增大接地速度的影响。

（c）（2）前轮和主轮同时接地(如果在规定的下沉和向前速度下能够合理地获得这种姿态)。

（d）除本条(a)款中规定的受载情况外,对(a)点中计算的最大地面垂直反作用力,采用下列规定:

（1）必须将起落架和直接受影响的连接结构设计成最大地面垂直反作用力与一个向后的且不小于该最大地面垂直反作用力 25% 的阻力相结合。

（2）必须考虑在侧偏着陆中可能出现的最严重的载荷组合。缺乏对此情况的更合理的分析时,应作下列研究:

（i）应考虑一个等于第 25.473 条中最大地面反作用力 75% 的垂直载荷与分别为该垂直载荷的 40% 和 25% 的向后和侧向载荷相结合。

（ii）假定减震器和轮胎变形相当于第 25.473(a)(2)条的最大地面反作用力产生的变形的 75%。不必考虑该载荷与轮胎泄气的组合情况。

（3）认为垂直分力和阻力分力的合力作用在轮轴中心线上。

对该款中有差异的部分进行对比分析可以看出:（a）（3）的差异体现在 AΠ –

25-9多出了垂直载荷和迎面载荷的两种组合工况;(c)(2)的差异体现在АП-25-9考虑了如果无法获得前轮和主轮同时接地的姿态时如何给出支柱上的载荷;(d)点中(d)(2)的差别较大,АП-25-9给出的组合载荷工况更多,载荷值更具体。

第25.481条 尾沉着陆情况

本条款中,АП-25-9和CCAR-25-R4的(a)、(b)、(c)点基本相同,只有(a)(3)点表述略有差异,但АП-25-9又在(c)点后增加了(a*)点,具体内容如下。

АП-25-9:

(a)(3)垂直载荷和迎面载荷作用在轮轴上。

(a*)对机尾保护支柱的冲击(对于前轮式飞机)。假定飞机在本节(c)所述的位置仅靠机尾保护支柱接触跑道。定义地面垂直反力使用值为吸收使用能量 $0.015G$ 时的最大支反力,使用载荷应根据减震器压缩曲线图来确定,即吸收了等于 $0.015G$ kg·m 的使用能量时的最大支柱力。G 是飞机的着陆重量,单位为 kg。保护支柱的减震器被完全压缩。除垂直力外,还要考虑与飞行方向反向的水平反力,它等于垂直力的0.8。

CCAR-25-R4:

(a)(3)认为垂直分力和阻力分力的合力是作用在主轮轴的中心线上。

对(a)(3)进行对比分析,很显然,АП-25-9的表述更为准确;АП-25-9的(a*)增加了对机尾保护支柱的冲击时的能量载荷内容,而CCAR-25-R4无此内容。

第25.485条 侧向载荷情况

本条款中,АП-25-9和CCAR-25-R4的(a)、(d)点基本相同,但在АП-25-9(b)点中在相同内容之后多出了一段文字,CCAR-25-R4的(b)点也多出了一段АП-25-9中没有的内容,并且АП-25-9又增加了(a*)和(b*)点,对不同内容进行对比。

АП-25-9:

(b)向内作用且等于垂直支反力80%的侧向载荷(在一侧)和向外作用且等于垂直支反力60%的侧向载荷(在另一侧)必须与在吸收使用能量的水平着陆情况下[25.473(a)(2)(i)]得到的最大地面垂直支反力的50%同时施加。还应考虑向内作用且等于垂直支反力50%的侧向载荷(在一侧)和向外作用且等于垂直支反力40%的侧向载荷(在另一侧),它们与吸收最大能量的水平着陆情况下[25.473(a)(2)(ii)]得到的最大地面垂直支反力的50%同时作用。

对多支柱起落架,在位于飞机对称面的主支柱上,其侧向载荷(方向与其余支柱侧向载荷相同)等于当吸收使用能量时垂直支反力的 70%,和等于在吸收最大能量时垂直支反力的 45%,它们分别与上述条件下最大地面垂直支反力的 50% 同时作用。

这些载荷被认为是施加在地面车轮的接触点上,并由飞机的惯性平衡。迎面力被认为是零。

(a^*)此外,还必须考虑与本节(b)相同的载荷条件,但假设飞机处于尾沉状态[25.481(c)]。

对于多支柱式起落架,允许考虑以纵轴相距的主起落架上按时间离散的载荷。

(b^*)前起落架支柱的侧向冲击。假定飞机处于水平位置,前起落架减震器按施加的载荷被压缩。

(1)地面垂直支反力分别按前起落架吸收的使用能量和最大能量条件确定。还应在机轮与地面的接触点上施加向上和侧向载荷,侧向载荷分量等于其在吸收使用能量情况下的 33%,在吸收最大能量情况下为 25%。

(2)对于可定向或受控的前轮,认为相对于前轮定向轴的一部分侧向力矩,其大小等于本条(b^*)(3)中给定的值,作用在定向轴上,剩余的部分力矩以一对力偶的形式作用在轮轴上。如果相对于前轮定向轴的侧向力力矩小于(b^*)(3)中规定的值,则应根据(b^*)(3)求出力矩和力的大小。

(3)如果控制机构或起落架支柱的减摆缓冲器上装有能够限制助力器(缓冲器)的安全阀,则被助力器(缓冲器)平衡的由侧向分力产生的使用力矩,不大于由助力器(缓冲器)在阀门工作时施加的最大力矩,以及机轮转弯系统中的摩擦力矩之和的 1.15 倍。

CCAR-25-R4:

(b)向内作用且等于垂直反作用力 80% 的侧向载荷(在一侧)和向外作用且等于垂直反作用力 60% 的侧向载荷(在另一侧)必须与在水平着陆情况下得到的最大地面垂直反作用力的一半相组合。假定这些载荷作用在轮胎接地点上并为飞机的惯性力所平衡。可以假定阻力载荷为零。

对比该条款 AП-25-9 和 CCAR-25-R4 的差异可以看出:AП-25-9 的(b)点多给出了一种组合工况;AП-25-9 增加的(a^*)点考虑尾沉状态以及多支柱式起落架时以纵轴相距的主起落架上按时间离散的载荷;而 AП-25-9 的(b^*)点规定了几种不同情况下前起落架支柱的侧向冲击。明显看出,AП-25-9 对侧向载荷规定了更多的工况,也给出了这些工况下载荷的具体大小;CCAR-25-R4的(b)点在相同部分结束后多出了一个假设。

第 25.491 条　滑行、起飞和着陆滑跑

本条款只有(a)点,但 AП-25-9 的(a)点比 CCAR-25-R4 的(a)点多出了

以下内容。

АП-25-9：

如果飞机要在土跑道上运行,则应考虑25.471(a*)并分析在这种机场滑行、起飞和着陆滑跑时的载荷条件。在这种情况下,必须注意软土对起落架载荷大小的影响。

该条款中АП-25-9专门增加了有关飞机在土跑道上运行的载荷,还强调了注意软土对起落架载荷大小的影响。

第25.493条　滑行刹车情况

本条款中,АП-25-9和CCAR-25-R4的(a)、(b)、(c)、(d)、(e)点完全相同,但АП-25-9又在其后增加了(a*)。

АП-25-9：

(a*)如果没有采取措施防止着陆时制动轮接触地面,则应考虑起落架上的垂直反力载荷和迎面力,垂直反力等于使用能量时根据25.479(d)(1)获得的力的0.75,迎面力等于垂直反力乘以摩擦系数0.8,仅施加在制动轮与地面之间的接触点上。

该条款中增加的(a*)给出了在没有采取措施防止着陆时制动轮接触地面情况下的载荷大小和作用位置。

第25.509条　牵引载荷

本条款中,АП-25-9和CCAR-25-R4的(a)、(b)、(c)、(d)点完全相同,但АП-25-9又在其后增加了(a*)和(b*)点,具体内容如下。

АП-25-9：

(a*)在前起落架牵引时,处于工作状态的牵引装置上作用有侧向力,它作用在与牵引装置纵轴成直角的水平面并在牵引车的连接点上。仅在刚性牵引时才考虑这种情况。侧向牵引力的值等于$\pm 0.05F_{\mathrm{TOW}}$。但是：

(1)如果操纵机构或摆振阻尼器装有安全阀,则所承受的侧向力不得超过沿牵引装置的长度相对于支柱定向轴产生力矩的力,该力由25.485(b*)(3)确定。

(2)如果在前支柱控制系统处于自由定向状态的工作模式下进行飞机牵引,侧向力的大小应以前起落架在地面转弯所需的力矩来选择。

(3)为了检验起落架结构和飞机在侧向力作用下的强度,应考虑两种加载方式：

(i)支柱上作用有侧向力和停机载荷；

(ii)同侧向力和停机载荷一起,同时还作用有(d)中施加的牵引载荷。

(b*)牵引装置必须配备安全装置。安全设备的破坏载荷值应不超过(d)和

(a*)点中定义的使用载荷。对于带有刚性牵引杆的牵引装置,安全装置应既能承拉又能承压。

该条款中 AΠ-25-9 增加的(a*)点规定了前起落架牵引时的载荷作用点、大小和加载方式,而(b*)点强调牵引装置必须配备安全装置并规定了其载荷限制。

第 25.515A 条 摆振

该条款是 AΠ-25-9 的增加条款,CCAR-25-R4 无此条款,具体内容如下。

AΠ-25-9:

在起飞和降落时,飞机在所有可能重量范围和沿起降跑道的可能速度范围内,应确保机轮不发生摆振。通过对起落架支柱的计算和在落震台上的试验来确认是否存在摆振。如果在飞行测试中通过计算或特殊测试令人信服地证明了其防摆振的安全性,则可以不进行试验。

该条款增加了对飞机起降时的摆振要求以及摆振验证方法。

第 25.519 条 顶升和系留装置

本条款中,AΠ-25-9 和 CCAR-25-R4 的(a)、(b)点完全相同,但(c)点有差别,而且(c)点之后 AΠ-25-9 又增加了(a*)点,具体如下。

AΠ-25-9:

(c)系留。提供系留点时,主系留点及支持结构必须能承受在水平面内任何方向以及垂直面内相对于水平面±15°范围内 40 m/s 风速引起的使用载荷。

(a*)飞机或其部件吊索吊起。被吊起的结构要设计成能承受飞机(部件)重心处的垂直过载为 2.67 时静态载荷条件下吊索的载荷。

CCAR-25-R4:

(c)系留。提供系留点时,主系留点及局部结构必须能承受任何方向的 120 公里/小时(65 节)水平风引起的限制载荷。

该条款中(c)的差异在于主系留点承受的风速大小和方向不一样,而 AΠ-25-9 增加的(a*)点规定了被吊起结构的承载能力。

第 25.521 条 总则

本条款中,AΠ-25-9 和 CCAR-25-R4 的(a)、(b)和(c)点完全相同,但 AΠ-25-9 在其后又增加了(a*)和(b*)点,具体内容如下。

AΠ-25-9:

(a*)结构必须能承受使用载荷,不会产生降低空气动力或流体动力特性或破坏水上飞机任何结构元件的机械功能的永久变形。船底、主浮桶和辅助浮桶的残余变形不得超过底部单元最小尺寸的 0.5%。

（b*）按 25.523～25.537 条确定的外载荷,是针对刚性飞机的主结构给定的。另外,还要确定水上(水陆两栖)飞机各部件上的载荷,比如:水舵、防溅器、起落架舱门和整流罩、牵引装置、水上飞机在水中停泊的固定点、主起落架组件、尾撑组件。除可以不考虑结构弹性的水上飞机(水陆两栖)外,还应考虑在涌浪水面上起飞和着陆期间载荷动态响应下的结构强度。申请的适水性特征也应进行评估。

可以看出,AΠ-25-9 增加的(a*)和(b*)点更为详细地规定了水上飞机的载荷、变形以及飞机各部件载荷要求和动态响应下的结构强度要求。

第 25.523 条　设计重量和重心位置

本条款中,AΠ-25-9 和 CCAR-25-R4 的(a)、(b)点完全相同,但 AΠ-25-9 又在其后增加了(a*)点,具体内容如下。

AΠ-25-9:

（a*）规定两栖飞机在水上使用时的设计起飞重量与在陆地上使用时的重量无关。

AΠ-25-9(a*)明确规定水上使用时的设计起飞重量与在陆地上使用时的重量无关。

第 25.527 条　船体和主浮筒载荷系数

本条款中,AΠ-25-9 和 CCAR-25-R4 的内容基本一致,但系数 C_1 取值不同:

AΠ-25-9:

（b）（2）符号说明:C_1 为水上飞机操纵经验系数,等于 0.002 69(但此系数不得小于为获得断阶载荷系数最小值 2.33 所需要的数值)。

CCAR-25-R4:

C_1 =0.009 22(公制:C_1 =0.009 22;英制:C_1 =0.012),为水上飞机操纵经验系数(但此系数不得小于为获得断阶载荷系数最小值 2.33 所需要的数值)。

AΠ-25-9 和 CCAR-25-R4 的水上飞机操纵经验系数取值不同。

第 25.529 条　船体和主浮筒着水情况

本条款中,AΠ-25-9 和 CCAR-25-R4 的(a)(1)点有区别,其余部分完全相同。

AΠ-25-9:

（a）（1）对于对称断阶着水,水载荷的合力必须在龙骨上,且通过重心并与龙骨线垂直;这时,载荷从段阶向前沿底部头部分布,斜升角取在通过水上飞机重心的站点上。

CCAR - 25 - R4：

（a）（1）对于对称断阶着水,水载荷的合力必须在龙骨上,通过重心且与龙骨线垂直。

本条款 AΠ - 25 - 9 比 CCAR - 25 - R4 多出一句话,描述更为详细。

第 25.533 条 船体和主浮筒底部压力

本条款中,AΠ - 25 - 9 和 CCAR - 25 - R4 的(a)点完全相同;但在(b)(2)点之后 AΠ - 25 - 9 增加了(b)(1*)、(b)(2*)、(b)(3*)点,具体内容如下。

AΠ - 25 - 9：

（b）（1*）对于更复杂的底部横截面形状,横截面的压力分布是根据特殊设计或实验研究得出的。

（b）（2*）承受这些压力作用的面积不得小于 400×400 mm。在底部长度不小于从主段阶向前的底部最大宽度的两倍的区域上,用于计算局部强度的压力应增加到 $4.25V_{S1}^2$,单位为 kg/m^2。

（b）（3*）对于存在局部稀疏的网笼还需要校核底部的强度,它从头部到主段阶底部任何一点承受的压力为 $p = 10\,000 \text{ kg/m}^2$,超过主段阶后直接取 $p = 10\,000 \text{ kg/m}^2$,第二段阶处为 $p = 2\,500 \text{ kg/m}^2$。第一和第二段阶之间的稀疏度分布成线性变化。

对本条款 AΠ - 25 - 9 中增加的这些内容进行分析,发现 AΠ - 25 - 9 考虑了更复杂的底部横截面形状,规定了承受压力的最小面积和压力大小,强调了对于存在局部稀疏的网笼时的底部强度校核。

第 25.535 条 辅助浮筒载荷

本条款中,AΠ - 25 - 9 和 CCAR - 25 - R 在(b)点的经验系数 C_5 不同,(f)点中的两个系数 C_x 和 C_z 不相同。其余部分完全相同。

AΠ - 25 - 9：

（b）式中：$C_5 = 0.001\,19$。

（f）式中：C_x 为迎面阻力系数（$C_x = 0.003\,6$）;C_z 为侧向阻力系数（$C_z = 0.002\,9$）。

CCAR - 25 - R4：

（b）式中：$C_5 = 0.039\,9$(公制：$C_5 = 0.008\,98$;英制：$C_5 = 0.005\,3$)。

（f）式中：$C_x = 0.012\,4$(公制：$C_x = 0.012\,4$;英制：$C_x = 0.133$),阻力系数;$C_y = 0.009\,8$(公制：$C_y = 0.009\,8$;英制：$C_y = 0.106$),侧向力系数。

可以看出,AΠ - 25 - 9 和 CCAR - 25 - R4 中的 C_5 不同;另外 AΠ - 25 - 9 中的 z 轴应该为 CCAR - 25 - R4 中的 y 轴,C_x 和 C_z（C_y）也不同。

第25.571条 结构的损伤容限和疲劳评定

本条款 AΠ-25-9 和 CCAR-25-R4 内容基本相同,其中(b)(2)、(b)(6)、(e)(1)以及结束部分有差异,AΠ-25-9 多出了(a)(4),具体内容如下。

AΠ-25-9:

(a)(4) 根据本条(a)(3)制定的文档应依据对该类飞机的研究、试验和积累的使用经验的统计和分析进行定期更新。应该规定一个程序以确保这种统计的可靠性和及时性。

(b)(2) 限制突风情况,在直到 V_C 的速度下按第 25.305(d)、25.341 和 25.351(b)条的规定以及第 25.345 条的规定;

(b)(6) 对于起落架和直接受其影响的机体结构,按第 25.473、25.491 和 25.493 条规定的限制地面载荷情况。

如果有组合载荷是某些结构元件的设计工况,则也应考虑。

如果在结构破坏或部分破坏以后,结构刚度和几何形状,或此两者有重大变化,则必须进一步在考虑第 25.629(b)(2)条的要求下研究它们对损伤容限的影响。

(e)(1) 鸟撞(载荷条件见 25.631 条)。

损伤后的结构必须能够承受飞行中可合理预期出现的静载荷(作为极限载荷考虑)。不需要考虑对这些静载荷的动态影响。必须考虑驾驶员在出现事故后采取的纠正动作,诸如限制机动、避开紊流以及降低速度。如果在结构破坏或部分破坏以后引起结构刚度或几何形状,或此两者有重大变化,考虑到 25.629(b)(2)的要求,应对这些变化对损伤容限的影响进行进一步调查。

CCAR-25-R4:

(b)(2) 限制突风情况,在直到 V_C 的速度下按第 25.341 条的规定,以及按第 25.345 条的规定。

(b)(6) 对于起落架和直接受其影响的机体结构,按第 25.473、25.491 和 25.493 条规定的限制地面载荷情况。

如果在结构破坏或部分破坏以后,结构刚度和几何形状,或此两者有重大变化,则必须进一步研究它们对损伤容限的影响。

(e)(1) 受到 1.80 公斤(4 磅)重的鸟的撞击,飞机与鸟沿着飞机飞行航迹的相对速度取海平面 V_C 或 2 450 米(8 000 英尺)0.85V_C,两者中的较严重者。

损伤后的结构必须能够承受飞行中可合理预期出现的静载荷(作为极限载荷考虑)。不需要考虑对这些静载荷的动态影响。必须考虑驾驶员在出现事故后采取的纠正动作,诸如限制机动,避开紊流以及降低速度。如果在结构破坏或部分破坏以后引起结构刚度或几何形状,或此两者有重大变化,则须进一步研究它们对损伤容限的影响。

本条款 AΠ - 25 - 9 与 CCAR - 25 - R4 的主要区别在于：

（1）AΠ - 25 - 9 增加的(a)(4)强调了使用经验统计的可靠性和文档的定期更新；

（2）(b)(2)中 AΠ - 25 - 9 要求的规定多于 CCAR - 25 - R4；

（3）(b)(6)中，对于如果在结构破坏或部分破坏以后的情况，AΠ - 25 - 9 要求必须进一步在考虑 25.629(b)(2)的要求下研究它们对损伤容限的影响，而 CCAR - 25 - R4 中没有明确要考虑 25.629(b)(2)的要求；

（4）(e)的最后一段，AΠ - 25 - 9 要求考虑 25.629(b)(2)的要求，而 CCAR - 25 - R4 中没有此要求。

第 25.581 条 闪电防护

本条款中，AΠ - 25 - 9 和 CCAR - 25 - R4 的(a)、(b)、(c)点完全相同，但 AΠ - 25 - 9 又在其后增加了(a^*)点，并且(a^*)点的篇幅远大于(a)、(b)、(c)点的总和，具体内容如下。

AΠ - 25 - 9：

（a^*）应根据本分部附则中放电对飞机的影响作用条件进行闪电影响的试验和计算。

（1）可能有雷电流流过的飞机金属结构元件必须连接成整体的导体。连接这些结构元件的铜导线横截面必须至少为 6 mm^2，其他材料制成的导线则必须具有等效的导电率。

构件之间连接处的电阻应不大于 600 μΩ，不可动处的电阻应不大于 2 000 μΩ。飞机文档应提供这些导线的位置分布图和表格，表格中给出指定检测点处金属化的电阻，以及检测点之间的最大允许电阻值。

（2）当雷电流通过飞机机体时，不应出现会导致紧急情况或灾难性情况的功能系统和设备故障或误报。

（3）必须为飞机提供措施（静电释放、涂层、跳线等），以确保在层状云中飞行和降水过程中释放静电荷，而不会干扰电子设备的正常运行。

（4）在设计和放置天线时，雷电对其的作用可能会导致紧急情况或灾难性后果，因此必须采取必要的措施加以保护。

（5）着陆时，飞机的总电量应自动连接到跑道，而接地设备的电阻不应超过 10^7 Ω。

（6）在飞机上必须提供一个电阻不超过 0.5 Ω 的设备，使飞机在停机时连接到地面接地回路。

可以看出，AΠ - 25 - 9 中增加的（a^*）要求根据本分部附则中放电对飞机的影响作用条件进行闪电影响的试验和计算，并给出 6 条具体的防闪电具体措施和要求。

第 25.581 条　附则

这是 AΠ－25－9 中第 25.581 条的附则,CCAR－25－R4 中无此内容。

AΠ－25－9:

防闪电结构元件和设备的开发及其试验应根据飞机暴露于图 4.3 所示电流脉冲的条件进行。组分 A、B、C、D(图 4.3)的应用顺序是针对每个特定情况确定的,在这种情况下,可以使用单独的组分和两种或多种组分的组合。

(1) 组分 A(第一次反向放电的电脉冲)的幅值为 200±10%kA,作用积分为 $((\int i^2 \mathrm{d}t) - 2 \times 10^6 \pm 20\% \mathrm{A}^2 \cdot \mathrm{s})$,作用时长为 500 ms。

该分量可以是单极性的也可以是振荡的。

在合理的情况下,以最大接通电流 $10^{11} \mathrm{A/s}$ 进行测试。

(2) 组分 B(中间电流)在持续 5 ms、最大携带电荷为 10±10%C,平均电流幅值为 2±10%kA。这个分量必须是单极性的、矩形的、指数型或线性递减型。

(3) 组分 C(直流电)在持续时间从 0.25 到 1 s,携带电量为 200±20%C 时振幅在 200~800A。该分量可以是单极性的、矩形的、指数型或线性递减型。

(4) 组分 D(重复放电电流)的幅值为 100±10%kA,作用积分为 $2.5 \times 10^5 \pm 20\% \mathrm{A}^2 \cdot \mathrm{s}$。该组分可以是单极性的,也可以是振荡的,作用时长为 500 ms。

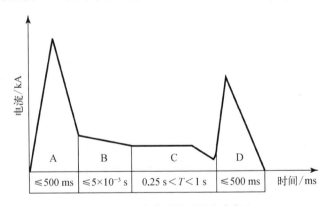

图 4.3　闪电电流的形状和参数

组分 A:

　　电流幅值:200±10%kA

　　作用积分:$(2 \times 10^6) \pm 20\% \mathrm{A}^2 \cdot \mathrm{s}$

　　作用时间:$t \leqslant 500$ ms

组分 B:

　　最大携带电荷:10±10%C

　　平均电流幅值：2±10%kA

组分 C：

　　携带电荷：200±20%C

　　电流幅值：200~800 A

组分 D：

　　电流幅值：100±10%kA

　　作用积分：$(2.5×10^5)±20\%A^2·s$

　　作用时间：$t≤500$ ms

　　AΠ-25-9 的补充附则定量给出了飞机闪电电流四种不同组分的具体形状和参数。

第**5**章

D 分部《设计与构造》对比分析

5.1 D 分部 AΠ‑25‑9 和 CCAR‑25‑R4 各条款名称及内容同异性

《运输类飞机适航标准》D 分部《设计与构造》中,AΠ‑25‑9 和 CCAR‑25‑R4 中的各条款号、条款名称以及对应条款的同异性如表 5.1 所示。

表 5.1 D 分部 AΠ‑25‑9 和 CCAR‑25‑R4
相应的条款号、条款名称与同异性

序号	AΠ‑25‑9	CCAR‑25‑R4	内容 是否相同
1	第 25.601 条 总则	第 25.601 条 总则	是
2	第 25.603 条 材料	第 25.603 条 材料	是
3	第 25.605 条 制造方法	第 25.605 条 制造方法	是
4	第 25.607 条 紧固件	第 25.607 条 紧固件	是
5	第 25.609 条 结构保护	第 25.609 条 结构保护	是
6	第 25.611 条 可达性措施	第 25.611 条 可达性措施	是
7	第 25.613 条 材料的强度性能和材料的设计值	第 25.613 条 材料的强度性能和材料的设计值	否
8	第 25.619 条 特殊系数	第 25.619 条 特殊系数	是

序号	AⅡ-25-9	CCAR-25-R4	内容是否相同
9	第 25.621 条　铸件系数	第 25.621 条　铸件系数	是
10	第 25.623 条　支承系数	第 25.623 条　支承系数	是
11	第 25.625 条　接头系数	第 25.625 条　接头系数	是
12	第 25.629 条　气动弹性稳定性要求	第 25.629 条　气动弹性稳定性要求	否
13	第 25.631 条　鸟撞损伤	第 25.631 条　鸟撞损伤	否
14	第 25.651 条　强度符合性的证明	第 25.651 条　强度符合性的证明	是
15	第 25.655 条　安装	第 25.655 条　安装	是
16	第 25.657 条　铰链	第 25.657 条　铰链	是
17	第 25.671 条　总则	第 25.671 条　总则	是
18	第 25.672 条　增稳系统及自动和带动力的操纵系统	第 25.672 条　增稳系统及自动和带动力的操纵系统	否
19	第 25.675 条　止动器	第 25.675 条　止动器	是
20	第 25.677 条　配平系统	第 25.677 条　配平系统	否
21	第 25.679 条　操纵系统突风锁	第 25.679 条　操纵系统突风锁	否
22	第 25.681 条　限制载荷静力试验	第 25.681 条　限制载荷静力试验	是
23	第 25.683 条　操作试验	第 25.683 条　操作试验	否
24	第 25.685 条　操纵系统的细节设计	第 25.685 条　操纵系统的细节设计	否
25	第 25.689 条　钢索系统	第 25.689 条　钢索系统	否
26	第 25.693 条　关节接头	第 25.693 条　关节接头	是
27	第 25.697 条　升力和阻力装置及其操纵器件	第 25.697 条　升力和阻力装置及其操纵器件	是

序号	AΠ－25－9	CCAR－25－R4	内容是否相同
28	第25.699条　升力和阻力装置显示器	第25.699条　升力和阻力装置显示器	是
29	第25.701条　襟翼与缝翼的交连	第25.701条　襟翼与缝翼的交连	是
30	第25.703条　起飞警告系统	第25.703条　起飞警告系统	是
31	第25.721条　总则	第25.721条　总则	否
32	第25.723条　减震试验	第25.723条　减震试验	否
33	第25.729条　收放机构	第25.729条　收放机构	否
34	第25.731条　机轮	第25.731条　机轮	是
35	第25.733条　轮胎	第25.733条　轮胎	否
36	第25.735条　刹车	第25.735条　刹车	否
37	第25.737条　滑橇	第25.737条　滑橇	是
38	第25.751条　水上飞机主浮筒浮力	第25.751条　主浮筒浮力	是
39	第25.753条　主浮筒设计	第25.753条　主浮筒设计	是
40	第25.755条　船体	第25.755条　船体	是
41	第25.771条　驾驶舱	第25.771条　驾驶舱	是
42	第25.772条　驾驶舱舱门	第25.772条　驾驶舱舱门	是
43	第25.773条　驾驶舱视界	第25.773条　驾驶舱视界	否
44	第25.775条　风挡和窗户	第25.775条　风挡和窗户	是
45	第25.777条　驾驶舱操纵器件	第25.777条　驾驶舱操纵器件	是
46	第25.779条　驾驶舱操纵器件的动作和效果	第25.779条　驾驶舱操纵器件的动作和效果	是
47	第25.781条　驾驶舱操纵手柄形状	第25.781条　驾驶舱操纵手柄形状	否

序号	AΠ-25-9	CCAR-25-R4	内容是否相同
48	第 25.783 条　机身舱门	第 25.783 条　机身舱门	是
49	第 25.785 条　座椅、卧铺、安全带和肩带	第 25.785 条　座椅、卧铺、安全带和肩带	否
50	第 25.787 条　储存舱	第 25.787 条　储存舱	是
51	第 25.789 条　客舱和机组舱以及厨房中物件的固定	第 25.789 条　客舱和机组舱以及厨房中物件的固定	是
52	第 25.791 条　旅客通告标示和标牌	第 25.791 条　旅客通告标示和标牌	否
53	第 25.793 条　地板表面	第 25.793 条　地板表面	是
54	第 25.795 条　飞行机组安保	第 25.795 条　保安事项	否
55	第 25.799A 条　供水系统		否
56	第 25.801 条　水上迫降	第 25.801 条　水上迫降	是
57	第 25.803 条　应急撤离	第 25.803 条　应急撤离	是
58	第 25.807 条　应急出口	第 25.807 条　应急出口	是
59	第 25.809 条　应急出口布置	第 25.809 条　应急出口布置	是
60	第 25.810 条　应急撤离辅助设施与撤离路线	第 25.810 条　应急撤离辅助设施与撤离路线	是
61	第 25.811 条　应急出口的标记	第 25.811 条　应急出口的标记	否
62	第 25.815 条　过道宽度	第 25.815 条　过道宽度	否
63	第 25.817 条　最大并排座椅数	第 25.817 条　最大并排座椅数	是
64	第 25.819 条　下层服务舱(包括厨房)	第 25.819 条　下层服务舱(包括厨房)	是
65	第 25.820 条　厕所门	第 25.820 条　厕所门	是
66	第 25.831 条　通风	第 25.831 条　通风	否

序号	AП－25－9	CCAR－25－R4	内容 是否相同
67	第25.832条　座舱臭氧浓度	第25.832条　座舱臭氧浓度	是
68	第25.833条　燃烧加温系统	第25.833条　燃烧加温系统	是
69	第25.841条　密封舱	第25.841条　增压座舱	否
70	第25.843条　增压座舱的试验	第25.843条　增压座舱的试验	是
71	第25.851条　灭火器	第25.851条　灭火器	是
72	第25.853条　座舱内部设施	第25.853条　座舱内部设施	是
73	第25.854条　厕所防火	第25.854条　厕所防火	是
74	第25.855条　货舱和行李舱	第25.855条　货舱和行李舱	是
75	第25.856条　隔热/隔音材料	第25.856条　隔热/隔音材料	否
76	第25.857条　货舱等级	第25.857条　货舱等级	是
77	第25.858条　货舱或行李舱烟雾或火警探测系统	第25.858条　货舱或行李舱烟雾或火警探测系统	是
78	第25.859条　燃烧加温器的防火	第25.859条　燃烧加温器的防火	是
79	第25.863条　可燃液体的防火	第25.863条　可燃液体的防火	是
80	第25.865条　飞行操纵系统、发动机架和其他飞行结构的防火	第25.865条　飞行操纵系统、发动机架和其他飞行结构的防火	是
81	第25.867条　其他部件的防火	第25.867条　其他部件的防火	是
82	第25.869条　系统防火	第25.869条　系统防火	否
83	第25.871条　定飞机水平的设施	第25.871条　定飞机水平的设施	是
84	第25.875条　螺旋桨附近区域的加强	第25.875条　螺旋桨附近区域的加强	是
85	第25.899条　电搭接和防静电保护	第25.899条　电搭接和防静电保护	是
86	D分部附则		否
	总条数：86	总条数：84	

从表 5.1 可以看出,在 D 分部《设计与构造》中,AΠ – 25 – 9 共有 86 条条款,CCAR – 25 – R4 有 84 条条款,其中内容相同的条款有 59 条,其余条款内容有差异,下面对这些有差异的条款逐一进行对比分析。

5.2　D 分部 AΠ – 25 – 9 和 CCAR – 25 – R4 有差异条款的对比分析

第 25.613 条　材料的强度性能和材料的设计值

本条款中,AΠ – 25 – 9 和 CCAR – 25 – R4 的(a)、(b)、(c)、(e)、(f)点完全相同,CCAR – 25 – R4 中的(d)点为[备用],而 AΠ – 25 – 9 中的(d)点有具体内容。

AΠ – 25 – 9:

(d)为了能够按照第 25.571 条的要求进行设计评估,应对结构材料疲劳和断裂韧性能的取值给出名称定义以及合理的统计值。

AΠ – 25 – 9(d)强调了要对结构材料疲劳和断裂韧性的计算值给出确定的命名法和合理的统计水平。

第 25.629 条　气动弹性稳定性要求

本条款中,AΠ – 25 – 9 和 CCAR – 25 – R4 的(a)、(c)、(d)、(e)点完全相同,但在(b)点中,AΠ – 25 – 9 多出了一部分内容,另外,AΠ – 25 – 9 还增加了(a*)点。具体内容如下。

AΠ – 25 – 9:

(b)(1)对于无失效、故障或不利条件的正常情况,在将 V_D/M_D 对高度的包线上所有点的当量空速(等马赫数和等高度)放大 20%后所包围的所有高度和速度的组合。此外,在直至 V_D/M_D 的所有速度下,都必须有适当的稳定性余量,而且在接近 V_D/M_D 时,飞机的稳定性不得有大幅度的迅速减小。当所有设计高度上的 M_D 都小于 1.0 时,放大后的包线可以限制在马赫数 1.0。

注:如果计算模型的验证与管道、频率和飞行试验的结果在确定颤振的临界模态和频率方面具有良好的一致性,并且飞机配备了防超速飞行装置,则速度裕度可以降低到 15%。

(b)(2)(iii)某些系统中的故障状态应根据第 25.302 条的要求进行解释。

(b)(3)速度裕度应根据符合第 25.302 条要求的系统故障状态概率来确定。

(a*)对于所有飞行重量,在飞机弹性振动频率范围内从零到设计俯冲速度 V_D/M_D 的所有高度和速度下,当机体结构与机械和自动控制系统相互作用时(包括在自动驾驶飞行时)必须确保其稳定性。

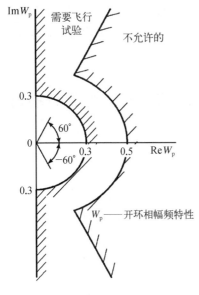

图 5.1　开环幅相频率特性

当《飞机-控制系统》开环幅相频率特性（АФЧХ）满足以下条件时认为具有稳定性：当自变量（相位）在 $-60°$ 到 $+60°$ 范围内变化时，АФЧХ 的模数（幅值）不得超过 0.5[在右半平面中频率稳定性标准的临界点位置（图 5.1）]。此外，如果根据进行的计算和基于地面研究结果确定，当 АФЧХ 位于右半平面时，其模数超过 0.3，则必须通过飞行试验的结果来确认是否满足上述条件。

CCAR - 25 - R4：

（b）（1）对于无失效、故障或不利条件的正常情况，在将 V_D/M_D 对高度的包线上所有点的当量空速按等马赫数和等高度两种方式各放大 15% 后所包围的所有高度和速度的组合。此外，在直至 V_D/M_D 的所有速度下，都必须有适当的稳定性余量，而且在接近 V_D/M_D 时，飞机的稳定性不得有大幅度的迅速减小。当所有设计高度上的 M_D 都小于 1.0 时，放大后的包线可以限制在马赫数 1.0。

可以看出，АП - 25 - 9 考虑了故障状态和故障概率对气动弹性稳定性包线的影响，给出了速度裕度的确定方法，强调了机体结构与机械和自动控制系统相互作用时必须确保稳定性，给出了开环幅相频率特性稳定性的范围。

第 25.631 条　鸟撞损伤

对本条款，АП - 25 - 9 和 CCAR - 25 - R4 的表述差异较大。

АП - 25 - 9：

飞机结构设计必须保证飞机在与 1.8 公斤重的鸟相撞之后，仍能继续安全飞行和着陆，相撞时飞机的速度（沿飞机飞行航迹相对于鸟）在海平面为 V_C，在 2 440 米高度时为 $0.85V_C$，取决于哪一个更为关键。如果它是基于类似结构的试验结果，允许用计算来演示。

CCAR - 25 - R4：

尾翼结构的设计必须保证飞机在与 3.6 公斤（8 磅）重的鸟相撞之后，仍能继续安全飞行和着陆，相撞时飞机的速度（沿飞机飞行航迹相对于鸟）等于按第 25.335（a）条选定的海平面 V_C。通过采用静不定结构和把操纵系统元件置于受保护的部位，或采用保护装置（如隔板或吸能材料）来满足本条要求是可以接受的。在用分析、试验或两者的结合来表明符合本条要求的情况下，使用结构设计类似的飞机的资料是可以接受的。

本条款 AΠ-25-9 与 CCAR-25-R4 的主要区别是:

(1) AΠ-25-9 中指的是飞机结构设计,而 CCAR-25-R4 指的是垂尾结构设计;

(2) 鸟的重量,AΠ-25-9 中规定为 1.8 公斤,而 CCAR-25-R4 规定为 3.6 公斤,差别较大,CCAR-25-R4 的要求要高于 AΠ-25-9;

(3) 相撞时飞机的速度,AΠ-25-9 中规定在海平面为 V_C,在 2 440 米高度时为 $0.85V_C$,而 CCAR-25-R4 中仅有海平面为 V_C。

第 25.672 条　增稳系统及自动和带动力的操纵系统

本条款中,AΠ-25-9 和 CCAR-25-R4 的(a)、(b)、(c)点完全相同,但 AΠ-25-9 又在其后增加了(a^*)点,具体内容如下。

AΠ-25-9:

(a^*) 利用弱电流信号的电遥控系统必须受到保护而不受外部影响(例如,电磁场、静电释放、雷击)。

可以看出,本条款中 AΠ-25-9 特别补充了利用弱电流信号的电遥控系统必须受到保护。

第 25.677 条　配平系统

本条款中,AΠ-25-9 和 CCAR-25-R4 的(a)、(c)、(d)点完全相同,(b)点有差异,具体内容如下。

AΠ-25-9:

(b) 在配平操纵器件的近旁,必须设置指示装置以指示与飞机运动有关的配平操纵器件的运动方向。此外,必须有清晰易见的设施以指示配平装置在其可调范围内所处的位置。

CCAR-25-R4:

(b) 在配平操纵器件的近旁,必须设置指示装置以指示与飞机运动有关的配平操纵器件的运动方向。此外,必须有清晰易见的设施以指示配平装置在其可调范围内所处的位置。该指示装置必须清晰标记一个范围,必须经过验证在该范围内对于经批准的所有起飞重心位置起飞都是安全的。

本条款中 CCAR-25-R4 要求必须经过验证在该范围内对于经批准的所有起飞重心位置起飞都是安全的,而 AΠ-25-9 无此要求。

第 25.679 条　操纵系统突风锁

本条款中,AΠ-25-9 和 CCAR-25-R4 的(a)点有差异,(b)点完全相同,具体内容如下。

AΠ-25-9：

（a）必须设置防止飞机在地面或水面时因受突风冲击而损坏操纵面（包括调整片）和操纵系统的装置。

备注：在具有不可逆的助力器控制的飞机上，必须通过转向驱动装置来缓解停机时的风干扰（除非提供了其他阻尼方法）。

如果该装置啮合时会妨碍驾驶员对操纵面的正常操纵，则该装置应该：

（1）当驾驶员以正常方式操纵主飞行操纵器件时能自动脱开；

（2）能限制飞机的运行，使驾驶员在开始起飞时就获得不致误解的警告；

（3）如果使用锁定方向舵的外部装置（例如，夹具等），还必须采取措施防止飞机在锁定方向舵的情况下起飞。

CCAR-25-R4：

（a）必须设置防止飞机在地面或水面时因受突风冲击而损坏操纵面（包括调整片）和操纵系统的装置。如果该装置啮合时会妨碍驾驶员对操纵面的正常操纵，则该装置必须满足下列要求之一：

（1）当驾驶员以正常方式操纵主飞行操纵器件时能自动脱开；

（2）能限制飞机的运行，使驾驶员在开始起飞时就获得不致误解的警告。

对 AΠ-25-9 和 CCAR-25-R4 的具体内容进行对比发现：

（1）AΠ-25-9 的备注规定了具有不可逆的助力器控制的飞机上要通过转向驱动装置来缓解停机时的风干扰；

（2）AΠ-25-9 增加的（a）（3）特别强调了当有锁定方向舵的外部装置时防止飞机在锁定方向舵的情况下起飞的措施。

第 25.683 条　操作试验

本条款中，AΠ-25-9 和 CCAR-25-R4 的（a）、（b）点完全相同，（c）点不同，但 AΠ-25-9 还增加了（a*）和（b*）点，具体内容如下。

AΠ-25-9：

（c）断开。

（a*）在制造商选择并反映在飞机试验大纲中的载荷工况下的使用载荷下，要检查控制系统在运行期间不能卡阻。此外，还应检查在卸载后舱门、起落架、口盖、门等是否可以打开、关闭、收起、放下。

（b*）制造商申请的使用条件下控制系统机构部分的载荷能力很大并导致阻碍其正常功能的故障，并且采用的计算方法不足以确认是否符合 25.671（c）（2）和（c）（3）的要求，则应在重复的操作试验中表明控制系统机构部分的适用性。

CCAR-25-R4：

(c) 过度变形。

对 AΠ-25-9 和 CCAR-25-R4 具体内容进行对比可以看出,CCAR-25-R4 的(c)点比 AΠ-25-9(c)点要求更高;而 AΠ-25-9 附加的(a*)对飞机试验大纲中的载荷工况提出了操作试验要求;AΠ-25-9(b*)对控制系统机构部分提出了操作试验要求,而 CCAR-25-R4 中没有这两点要求。

第 25.685 条　操纵系统的细节设计

本条款中,AΠ-25-9 和 CCAR-25-R4 的(a)、(b)、(c)、(d)点完全相同,但 AΠ-25-9 又在其后增加了(a*)、(b*)和(c*)点,具体内容如下。

AΠ-25-9:

(a*) 在组装过程中应采取措施控制钢索螺套和调节拉杆的拧入深度。

(b*) 必须采取结构措施,以防止操作过程中系统中的元件分离,不应使用仅用开口销锁定的能承受载荷或发生位移的轴向螺柱。

(c*) 对其故障可能会破坏控制系统功能的活动关节和机构元件,必须确定磨损极限值,并且必须排除不可接受的带有磨损的使用可能性。

从 AΠ-25-9 增加的(a*)、(b*)、(c*)点可以看出,AΠ-25-9 对控制钢索螺套和调节拉杆的拧入深度、防止操作过程中系统中的元件分离以及对其故障可能会破坏控制系统功能的活动关节和机构元件增加了细节设计要求。

第 25.689 条　钢索系统

本条款中,AΠ-25-9 和 CCAR-25-R4 的(b)、(c)、(e)、(f)点完全相同,(a)、(d)点有差异。具体内容如下。

AΠ-25-9:

(a)(1) 副翼、升降舵或方向舵系统不得采用直径小于 3.175 mm 的钢索。

(d)(保留)。

CCAR-25-R4:

(a)(1) 副翼、升降舵或方向舵系统不得采用直径小于 3.2 毫米(1/8 英寸)的钢索。

(d) 在操纵系统中需受载或活动的 U 形夹销钉,不得仅使用开口销保险。

本条款中的区别:一是对钢索直径的要求有微小差别,二是 CCAR-25-R4 对 U 形夹销钉有要求,而 AΠ-25-9 则无要求。

第 25.721 条　总则

本条款中,AΠ-25-9 和 CCAR-25-R4 相差较大,具体内容如下。

AΠ-25-9:

(a) 主起落架系统必须设计成,如果在起飞和着陆过程中起落架因超载而损

坏(假定超载向上向后作用),其损坏状态很不可能导致下列后果:

起落架系统必须设计成,在起飞(运行)和着陆(运行)期间由于超过设计载荷而发生故障时,破坏特性使燃料系统的任何部分出现的泄漏量都不足以构成火灾危险。假定载荷作用在向上和向后的方向上,并与朝向和远离机身作用的横向载荷相结合。在没有更合理的分析的情况下,假定侧向载荷为垂直载荷的 20% 或向后载荷的 20%,以较大者为准。

(b) 飞机必须设计成当未放下一个或多个起落架时在跑道上着陆,在下列着陆条件下,不得有引起足以构成火灾危险的燃油泄漏量的结构损伤:

(1) 最大着陆重量受控状态的飞机以 1.52 m/s 的垂直速度触地:

(i) 起落架完全收起,并作为单独的条件;

(ii) 与起落架不放下的任何其他组合。

(2) 地面滑行:

(i) 起落架完全收起且飞机侧偏角为 20°,并作为单独的条件;

(ii) 与非放下起落架和 0 度飞机侧滑角的任何其他组合。

(c) 对于发动机短舱可能触地的飞机形态,发动机挂架或发动机支架必须设计成,如果由于超过设计载荷而失效(假设载荷主要向上作用,在个别条件下向后作用),破坏特性使燃料系统的任何部分出现的泄漏量都不足以构成火灾危险。

(d) 可用分析或试验,或兼用两者来表明符合本条规定。

CCAR - 25 - R4:

(a) 主起落架系统必须设计成,如果在起飞和着陆过程中起落架因超载而损坏(假定超载向上向后作用),其损坏状态很不可能导致下列后果:

(1) 客座量(不包括驾驶员座椅)等于或小于 9 座的飞机,机身内任何燃油系统溢出足够量的燃油构成起火危险;

(2) 客座量(不包括驾驶员座椅)等于或大于 10 座的飞机,燃油系统任何部分溢出足够量的燃油构成起火危险。

(b) 客座量(不包括驾驶员座椅)等于或大于 10 座的飞机必须设计成,当有任何一个或几个起落架未放下时,飞机在受操纵情况下在有铺面的跑道上着陆,其结构部件的损坏很不可能导致溢出足够量的燃油构成起火危险。

(c) 可用分析或试验,或兼用两者来表明符合本条规定。

对比本条款 AΠ - 25 - 9 和 CCAR - 25 - R4 的描述可以看出,AΠ - 25 - 9 对起落架因超载而损坏导致的后果,以及不得引起足以构成火灾危险的燃油泄漏量的结构损伤的起落架故障着陆条件的描述更为具体。

第 25.723 条　减震试验

本条款中,AΠ - 25 - 9 和 CCAR - 25 - R4 的(a)和(c)点基本相同,(b)点不

同,但 AΠ - 25 - 9 又在其后增加了(a*)、(b*)点,具体内容如下。

AΠ - 25 - 9:

(b)起落架或飞机(当在完整的飞机上进行试验时)在演示其储备能量吸收能力的试验中不得损坏,此试验模拟在设计着陆重量[见 25.473(a)]并假定在着陆撞击时飞机的升力不大于飞机重量。

(a*)如果试验是在隔离装置上进行的,而与起落架连接的机体弹性对传到起落架本身的载荷值、能量比例有很大影响,应该通过专门的计算对其进行核准,这时,在试验中就要得到在减震性能计算中认可的数据。

(b*)为了验证影响减震特性的起落架元件的工作并确认这些特性的稳定性,验证起落架减震器单个零件的耐液压性能,必须多次进行起落架在着陆重量下的使用能量吸收试验。

CCAR - 25 - R4:

(b)起落架在演示其储备能量吸收能力的试验中不得损坏,此试验模拟在设计着陆重量时下沉速度为 3.66 米/秒(12 英尺/秒)并假定在着陆撞击时飞机的升力不大于飞机重量。

在本条款(b)点中,CCAR - 25 - R4 给出了具体的下沉速度值,而 AΠ - 25 - 9 要参考 25.473(a)点计算下沉速度;AΠ - 25 - 9 增加的(a*)点考虑了在隔离装置上进行减震试验时机体弹性对传到起落架的载荷值和能量的影响;而(b*)点则强调要进行多次能量吸收试验以检验影响减震特性的起落架元件的功能。

第 25.729 条　收放机构

本条款中,AΠ - 25 - 9 和 CCAR - 25 - R4 的(a)~(f)点基本相同,但 AΠ - 25 - 9 又在其后增加了(a*)、(b*)点,具体内容如下。

AΠ - 25 - 9:

(a*)起落架收放系统必须有一个保险装置,以排除起落架在地面上收起的可能性。

(b*)如果在《飞行手册》规定的飞行进近阶段起落架未放下和未固定(包括在几乎难以置信的特殊情况下),则应触发在进近必须放下起落架的警告系统。

警告至少应有两个通道,而且它们使用独立系统的不同参数。

可以看出,AΠ - 25 - 9 中增加的(a*)点要求排除起落架在地面上收起的保险装置,(b*)点强调在进近时必须有触发两个放下起落架的警告系统。

第 25.733 条　轮胎

本条款中,AΠ - 25 - 9 和 CCAR - 25 - R4 的(a)、(b)、(c)、(d)点完全相同,

(e)点有差异。具体内容如下。

АΠ－25－9：

（e）对于带收起起落架的飞机,装在有刹车的机轮上的轮胎必须用干燥氮气或表明为惰性的其他气体充气,使轮胎内混合气体的氧体积含量不超过 5%,除非能表明轮胎衬垫材料在受热后不会产生挥发性气体或采取了防止轮胎温度达到不安全程度的措施。

CCAR－25－R4：

（e）对于最大审定起飞重量超过 34 050 公斤(75 000 磅)的飞机,装在有刹车的机轮上的轮胎必须用干燥氮气或表明为惰性的其他气体充气,使轮胎内混合气体的氧体积含量不超过 5%,除非能表明轮胎衬垫材料在受热后不会产生挥发性气体或采取了防止轮胎温度达到不安全程度的措施。

本条款中 CCAR－25－R4 规定了最大审定起飞重量超过 34 050 公斤的限制。

第 25.735 条　刹车

本条款中,АΠ－25－9 和 CCAR－25－R4 的(a)～(k)点完全相同,但 АΠ－25－9 又在其后增加了(a*)和(b*)点,具体内容如下。

АΠ－25－9：

（a*）必须采取措施以确保飞机在机轮制动时着陆,或者必须证明在机轮制动时着陆不会导致比复杂情况更坏的状况。

（b*）如果不能证明,在预期的使用条件下在地面运动时,刹车时不会发生轮胎损坏或飞机的操纵性能下降,则在主制动系统中必须装有防拖胎装置。

可以看出,АΠ－25－9 中增加的(a*)点对机轮制动系统提出了要求,(b*)点则要求有防拖胎装置。

第 25.773 条　驾驶舱视界

本条款中,АΠ－25－9 和 CCAR－25－R4 的(a)、(c)、(d)点完全相同,但(b)点有差异,具体内容如下。

АΠ－25－9：

（b）降水情况。对于降水情况,采用下列规定：

（1）飞机必须具有措施使风挡在降水过程中保持有一个清晰的部分,足以使两名驾驶员在飞机各种正常姿态下沿飞行航迹均有充分宽阔的视界。此措施必须设计成在下列情况中均有效,而无需机组成员不断关注：

（i）大雨,速度直至 $1.5V_{SR1}$,升力和阻力装置都收上；

（ii）在本规章附录 C 规定的结冰条件和本规章附录 O 规定的下列结冰条件下,如申请结冰条件下的飞行合格审定：

（A）对于根据第 25.1420（a）（1）条审定的飞机，在结冰条件下，必须证明飞机在发现时安全退出结冰条件。

（B）对于按照第 25.1420（a）（2）条合格审定的飞机，在飞机经合格安全运行合格审定的结冰条件下，以及必须显示的结冰条件下确保飞机在检测到结冰条件后安全退出。

（C）对于在所有附件 O 结冰条件下根据第 25.1420（a）（3）条认证的飞机。

（2）本条（b）（1）款要求的用于提供驾驶舱视野的系统的任何单一故障均不得导致两名飞行员在规定的降水条件下丧失视野。

（3）机长必须有一个窗口，该窗口：

（i）可以在本款（b）（1）规定的条件下在驾驶舱减压的情况下打开；

（ii）提供本条（b）（1）点所述的视野；

（iii）对损害飞行员视野的因素提供足够的保护。

（4）如果表明透明玻璃表面保持透明的区域足以允许至少一名飞行员进行在以下情况下安全着陆，则本段（b）（3）段规定的开启窗口不是必需的：

（i）在本条（b）（1）段规定的降水条件下，根据第 25.1309 条并非不可能发生的任何故障或故障组合；

（ii）被大冰雹、鸟类或昆虫击中。

CCAR - 25 - R4：

（b）降水情况。对于降水情况，采用下列规定：

（1）飞机必须具有措施使风挡在降水过程中保持有一个清晰的部分，足以使两名驾驶员在飞机各种正常姿态下沿飞行航迹均有充分宽阔的视界。此措施必须设计成在下列情况中均有效，而无需机组成员不断关注：

（i）大雨，速度直至 $1.5V_{SR1}$，升力和阻力装置都收上；

（ii）第 25.1419 条规定的结冰条件下，如果要求按结冰条件下的飞行进行审定。

（2）正驾驶员必须有：

（i）当座舱不增压时，在本条（b）（1）规定条件下能打开的窗户，提供该项所规定的视界，又能给予驾驶员足够的保护，防止风雨影响其观察能力；

（ii）在本条（b）（1）规定条件下考虑遭到严重冰雹可能造成的损伤，保持清晰视界的其他手段。

可以看出，本条款中 AΠ - 25 - 9 对降水情况下驾驶舱的视野要求更多，更详细，更具体。

第 25.781 条　驾驶舱操纵手柄形状

本条款中，AΠ - 25 - 9 和 CCAR - 25 - R4 有差异，具体内容如下。

AⅡ‑25‑9：

驾驶舱操纵手柄必须符合图 5.2 中的一般形状(但无需按其精确大小和特定比例)。

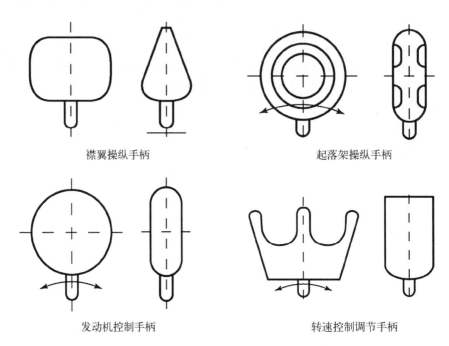

图 5.2　驾驶舱操纵手柄形状(AⅡ‑25‑9)

CCAR‑25‑R4：

驾驶舱操纵手柄必须符合图 5.3 的一般形状(但无需按其精确大小和特定比例)。

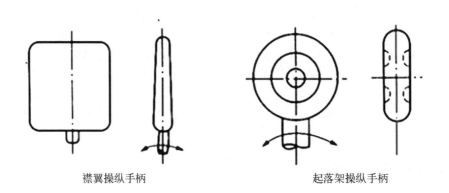

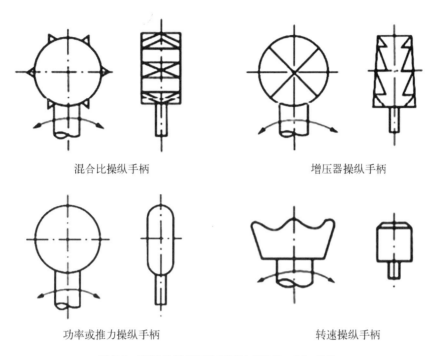

混合比操纵手柄　　　　　　　　　　　增压器操纵手柄

功率或推力操纵手柄　　　　　　　　　转速操纵手柄

图 5.3　驾驶舱操纵手柄形状（CCAR‑25‑R4）

可以看出：AΠ‑25‑9 和 CCAR‑25‑R4 的襟翼操纵手柄、起落架操纵手柄、功率或推力操纵手柄、转速操纵手柄都一样，但 CCAR‑25‑R4 还包括混合比操纵手柄和增压器操纵手柄，而 AΠ‑25‑9 对此没有要求。

第 25.785 条　座椅、卧铺、安全带和肩带

本条款中，AΠ‑25‑9 和 CCAR‑25‑R4 除了（f）（3）外，其他点完全相同。

AΠ‑25‑9：

（f）（3）在确定每个座椅与机体结构，或每根安全带或肩带与座椅或机体结构的连接强度时，第 25.561 条规定的惯性力必须乘以系数 1.33（而不是第 25.625 条规定的接头系数）。对作用于根据 25.561(b)(3)(iii) 的侧向惯性力，在 4g 值中已考虑了 1.33。

CCAR‑25‑R4：

（f）（3）在确定每个座椅与机体结构，或每根安全带或肩带与座椅或机体结构的连接强度时，第 25.561 条规定的惯性力必须乘以系数 1.33（而不是第 25.625 条规定的接头系数）。

对比该点 AΠ‑25‑9 和 CCAR‑25‑R4 的具体内容，发现 AΠ‑25‑9 多出了一段"对作用于根据 25.561(b)(3)(iii) 的侧向惯性力，在 4g 值中已考虑了 1.33"，

即对于 25.561(b)(3)(iii)的侧向惯性力,不需要再乘以 1.33。

第 25.791 条　旅客通告标示和标牌

本条款中,АП‐25‐9 和 CCAR‐25‐R4 的(a)~(e)点完全相同,但 АП‐25‐9 又在其后增加了(a*)点,具体内容如下。

АП‐25‐9:

(a*)乘客的标示或标牌信息必须是双语的,即航空运营人所在国的语言和英语。

CCAR‐25‐R4 无此特殊要求。

第 25.795 条　飞行机组安保

本条款中只有(a)点,АП‐25‐9 和 CCAR‐25‐R4 的(a)(1)完全相同,但(a)(2)不完全相同,并且 АП‐25‐9 又在其后增加了内容,具体内容如下。

АП‐25‐9:

(a)驾驶舱的保护。如果运行规则需要有驾驶舱门,舱门的安装必须设计成:

(2)驾驶舱隔板和舱门以及将驾驶舱与占用舱隔开的任何其他可达边界结构必须设计成能够承受施加在可触及把手(包括把手或按钮把手)上的 113.5 kg(1 113 N)的静态拉力。

(3)驾驶舱隔板和舱门以及将驾驶舱与占用舱隔开的任何其他可达边界结构必须设计成能抵御轻型手持武器子弹和爆炸装置碎片的穿透,对应参数为以下演示炮弹的参数:

(i*)1 号演示炮弹。子弹口径 9 mm,全金属壳,圆头,标称质量为 8.0 g(124粒),相对撞击速度为 436 m/s;

(ii*)2 号演示炮弹。子弹口径 10.9 mm,全金属壳,圆头,标称质量 15.6 g(240 粒),相对冲击速度为 436 m/s。

(b)[备用]。

(c)最大审定载客量超过 60 人或最大审定起飞重量超过 45 360 kg 的飞机必须符合以下要求:

(1)炸弹最安全的位置。飞机必须设计有一个指定位置,可以在其中放置炸弹或其他爆炸装置,以便在装置爆炸时对飞行关键结构和系统提供最佳保护。

(2)系统生存能力。

(i)除非该要求不可行,否则为继续安全飞行和着陆所必需的飞机备份系统必须有物理相隔距离,至少等于按以下公式计算的球体直径:

$$D = 2\sqrt{\frac{H_0}{\pi}} \tag{5.1}$$

其中，H_0根据 25.365(e)(2)点计算，D 不得超过 1.54 m。该球适用于以客舱前后舱壁为界的机身空间内的任何位置，包括货舱，只要球的一半适用。

（ii）如果不符合本节(c)(2)(i)点的要求，则必须采取其他设计措施以确保这些系统的最大生存能力。

（3）客舱内部设计要便于检测危险物体。驾驶舱设计必须具有防止隐藏，或通过简单查看能发现飞机驾驶舱以下区域的武器、爆炸物或其他物品的功能：

（i）头顶行李架上方的区域必须设计为从过道的简单查看能防止隐藏体。满足这一要求的结构能防止体积为 0.33 cm³ 或更大的隐藏体；

（ii）厕所的设计应防止直径大于 50 mm 的固体物品通过；

（iii）救生衣或其存放装置的设计必须使其对其设计的干扰显而易见。

（d）例外情况。专为运输货物的飞机，仅应符合本条(c)(2)点的要求。

CCAR－25－R4：

（2）抵御轻型武器的火力和爆炸装置的穿透，达到中国民用航空局适航部门的要求。

对比该条款 AΠ－25－9 和 CCAR－25－R4 的具体内容可以看出，针对抵御轻型武器的火力和爆炸装置，AΠ－25－9 具有非常具体的演示炮弹参数，要求更多，操作性更强。

第 25.799A 条　供水系统

CCAR－25－R4 中无此条款。

AΠ－25－9：

（a）供水系统不得在整个预期运行条件范围内对飞机造成危险环境。

（b）供水系统的设计必须确保飞机不会因水接触电气系统部件或进入其他系统而引起危险。

（c）灌装嘴（灌装装置）的类型必须不同于其他使用的嘴，以排除水意外（无意）进入其他系统的可能。

AΠ－25－9 增加的此条款对供水系统的安全性提出了要求。

第 25.811 条　应急出口的标记

本条款中，AΠ－25－9 和 CCAR－25－R4 的(a)~(g)点基本相同，仅有某些数值存在不大的差异。但 AΠ－25－9 又在其后增加了(a*)点，具体内容如下。

AΠ－25－9：

（a*）应急出口标记必须是双语——使用航空器运营人所在国的语言和英语。

CCAR－25－R4 对此没有要求。

第 25.815 条　过道宽度

本条款中,AⅡ‐25‐9 和 CCAR‐25‐R4 的具体要求有差异,具体内容如下。

AⅡ‐25‐9:

座椅之间的旅客过道宽度在任何一处不得小于表 5.2 中的值。

表 5.2　旅客过道最小宽度(AⅡ‐25‐9)

客　座　量	旅客过道最小宽度	
	离地板小于 635 mm	离地板等于或大于 635 mm
等于或小于 10 座	305 mm[①]	380 mm
11 到 19 座	305 mm	508 mm
等于或大于 20 座	380 mm	508 mm

① 经过试航当局认为必需的试验证实,可以批准更窄的但不小于 230 mm 的宽度。

CCAR‐25‐R4:

座椅之间的旅客过道宽度在任何一处不得小于表 5.3 中的值。

表 5.3　旅客过道最小宽度(CCAR‐25‐R4)

客　座　量	旅客过道最小宽度	
	离地板小于 635 毫米(25 英寸)	离地板等于或大于 635 毫米(25 英寸)
等于或小于 10 座	300 毫米[①](12 英寸)	380 毫米(15 英寸)
11 到 19 座	300 毫米(12 英寸)	510 毫米(20 英寸)
等于或大于 20 座	380 毫米(15 英寸)	510 毫米(20 英寸)

① 经过适航当局认为必需的试验证实,可以批准更窄的但不小于 230 毫米(9 英寸)的宽度。

对比本条款 AⅡ‐25‐9 和 CCAR‐25‐R4 的具体内容,发现 AⅡ‐25‐9 规定的旅客过道最小宽度等于或大于 CCAR‐25‐R4 中规定的值。

第 25.831 条　通风

本条款中,AⅡ‐25‐9 和 CCAR‐25‐R4 的(a)~(f)点内容基本相同,只有个

别数据有微小差异,但 AΠ-25-9(g)为[备用],CCAR-25-R4(g)有内容;在(g)
之后,AΠ-25-9 又在其后增加了(a*)~(j*)点,从(g)点开始对比。

AΠ-25-9:

(g)[备用]。

(a*)如果在压缩空气源(增压)发生故障时切断了一半的空气供应,或者当
一半的空调系统子系统发生故障时,向每位乘客提供的空气量必须至少为
0.163 m³/min。

(b*)应至少从两个压缩空气源进行机舱增压。在这种情况下,空调系统必须
至少包含两个独立的子系统。如果其中之一发生故障,或者从 50% 的压缩空气源
中切断了供气并发生故障后,机舱内的温度不应降至+5℃以下且不超过图 5.4 中
给出的系统工作时间的值。

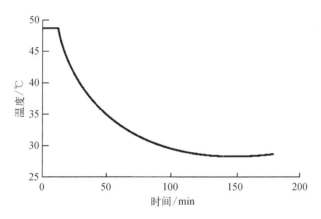

图 5.4　机舱内温度与系统工作时间的关系(AΠ-25-9)

(c*)如果 50% 的压缩空气源出现故障,则必须从其余的压缩空气源向所有用
户提供压缩空气。

(d*)其他有毒杂质的含量不得超过以下最大容许浓度,单位为 mol/m³:

燃料蒸汽——300;

矿物油蒸汽和气溶胶——5;

合成油蒸汽和气溶胶——2;

丙烯醛——0.2;

苯酚——0.3;

甲醛——0.5;

苯——5;

磷酸三甲苯酯——0.5;

癸二酸二辛酯——5;

氮氧化物——5。

（e*）当飞行超过4小时时，必须为机组人员提供适当的饮水方案，以补偿机舱内空气相对湿度降低对机组人员表现的影响。

（f*）空调系统必须具有锁定装置，以从压缩空气源打开和关闭它。空调系统与压缩空气源的紧急断开时间不应超过10秒。

（g*）在飞行的所有阶段，必须将飞机驾驶舱内的稳定空气温度保持在17~25℃之间。所指出的空气温度值必须在地面准备条件下在起飞后20分钟之内达到。

（h*）在地面上、室外温度较低的预期运行条件下，空调系统应确保舱内空气温度不低于+10℃；在室外温度升高（高于+33℃）时，相比外部温度，系统应将舱内温度降低8℃。

（i*）乘客和机组人员可能接触的各个内表面的温度不应超过+50℃或低于+5℃。

（j*）在分配器出口处供应给驾驶室加热器的热空气温度不得超过100℃（推荐值为80℃）。为此，在系统中应设置防止提供较热空气的装置。

CCAR－25－R4：

（g）任何不可能的失效情况发生后，在给定温度下的持续时间不得超出图5.5曲线所定出的值。

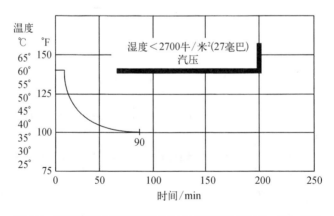

图5.5　机舱内温度与系统工作时间的关系（CCAR－25－R4）

对比AП－25－9和CCAR－25－R4该条款的不同之处可以看出：除了（a）~（f）点，AП－25－9对通风又增加了（a*）~（j*）点，其中AП－25－9的（b*）点与CCAR－25－R4中（g）点内容基本相同，但温度-时间曲线有差别；AП－25－9的其他补充点包括通风故障下对供气的具体要求、增压要求、有毒杂质的含量的定量要求、长时间飞行的补水要求、空调系统锁定装置要求、驾驶舱内的稳定空气温度要求、乘客和机组人员可能接触的各个内表面的温度要求、分配器出口处供应给驾驶室加热器的热空气温度要求等。总体来说,AΠ‑25‑9 的要求更多,更详细,更具体。

第 25.841 条　密封舱

本条款中,AΠ‑25‑9 和 CCAR‑25‑R4 的(a)、(b)点基本相同,仅有某些数值有很小差异。但 AΠ‑25‑9 又在其后增加了(a*)、(b*)、(c*)、(d*)点,具体内容如下。

AΠ‑25‑9:

(a*)[备用]。

(b*)对于压力自动调节系统的任何可能的失效或故障,压力变化率不应超过:

- 5 mm 汞柱,压力增加时;
- 10 mm 汞柱,压力降低时。

(c*)如果飞机紧急降落在水上,压力控制系统应防止水通过排气阀进入压力室,如果它们位于吃水线以下。

(d*)机舱的隔热和隔音设计应尽量减少机舱中湿气积累。必须采取措施防止水分和冰在机身中积聚到影响飞行安全的量。

可以看出,AΠ‑25‑9 补充了压力自动调节系统失效或故障时压力变化率的要求;紧急水上降落时防止水通过排气阀进入压力室的要求,以及机舱的隔热和隔音设计对湿气积累的要求。

第 25.856 条　隔热/隔音材料

本条款中,AΠ‑25‑9 和 CCAR‑25‑R4 的(a)点内容完全相同,但 AΠ‑25‑9(b)点为[备用],CCAR‑25‑R4(b)点有内容,具体内容如下。

AΠ‑25‑9:

(b)[备用]。

CCAR‑25‑R4:

(b)客座量等于或大于 20 座的飞机,安装在飞机机身下半部分的隔热/隔音材料(包括将该材料固定在机身处的手段)必须满足本部附录 F 第 VII 部分规定的抗火焰烧穿试验要求,或其他经批准的等效试验要求。本条不适用于局方认为对抗火焰烧穿性没有贡献的隔热/隔音的安装。

可以看出,CCAR‑25‑R4 对客座量等于或大于 20 座的飞机安装在飞机机身下半部分的隔热/隔音材料有要求,而 AΠ‑25‑9 已删除了该要求。

第 25.869 条　系统防火

本条款中,AΠ - 25 - 9 和 CCAR - 25 - R4 的(a)(1)、(a)(2)、(a)(3)点完全相同,但 AΠ - 25 - 9 又在其后增加了(i)、(ii)点,(b)和(c)点完全一样,但 AΠ - 25 - 9 又在其后增加了(a*)点,具体内容如下。

AΠ - 25 - 9:

(a)(3) EWIS 部件必须符合第 25.1713 条的要求和对应方式:

(i)用易燃液体与管道绝缘;

(ii)除常规电缆绝缘外,还应封装在柔性的电气绝缘护套或等效装置中。

(a*)在固定式氧气系统中,必须提供一种装置,以便当发生火灾使压力急剧升高时,把氧气罐里的氧气排到机舱外。

CCAR - 25 - R4:

(a)(3) EWIS 部件必须符合 25.1713 条的要求。

可以看出,AΠ - 25 - 9(a)(2)中对设备的要求更为具体,AΠ - 25 - 9(a)(3)对机身中的主要电源电缆的变形、绝缘、封存、测试过程中的绝缘涂层自熄提出了要求;增加的 AΠ - 25 - 9(a*)点强调了固定式氧气系统当发生火灾使压力急剧升高时,应具有把氧气罐里的氧气排到机舱外的装置。

5.3　AΠ - 25 - 9 对 D 分部的附则

这一部分是 AΠ - 25 - 9 对 D 分部附加的条款,其编排方式也与正常条款不同,CCAR - 25 - R4 中没有这一部分。

AΠ - 25 - 9:

(1)飞机必须配备特殊装置,以在紧急情况下或机组人员跌倒时在空中发送求救信号。如果在机场外紧急降落,也应提供在地面上发送遇险警报的装置。

(2)超过 19 个乘客座位的飞机必须具有经过批准的机组对讲系统,该系统必须:

(a)独立于乘客警告系统(不包括两个系统可能共用的听筒、耳机、麦克风、开关和信号装置)进行操作。

(b)在驾驶舱之间提供双向通信:

(i)每个客舱之间;和

(ii)位于飞机主舱板外的每个服务场所。

(c)随时可供驾驶舱内两个飞行员工位中的任何一个位置立即使用。

(d)可使每个客舱中至少一个乘务员正常工位的使用。

(e)乘务员从每个可达这些系统的客舱工位上在 10 秒内开始行动。

（f）大型涡轮喷气发动机上还应该：

（i）确保在足够数量的乘务员工位上使用该设备,以便可以从一个或多个这样的工位观察每个客舱内所有地板高度的紧急出口(或者通过这些出口进入客舱的路线,如果位于厨房尽头)；

（ii）具有听觉或视觉警告系统,以供机组人员呼叫空乘和机组。同时,警告系统必须确保清楚识别常规和紧急呼叫；

（iii）在地面上,提供地面人员与驾驶舱中至少两名飞行机组人员之间的双向通信。地面人员的通信设施的位置应排除从飞机外观察机组人员的可能性。

（g）如果飞机上没有乘务人员,则必须有将信息从客舱传到驾驶舱的可能。

（3）客机必须配备自供电的便携式扩音器,使直接负责乘客紧急疏散的乘务员从正常座位上易于达到。在乘客座位超过 60 个,少于 99 个的飞机上,应在客舱尾部或其他位置放置一个这样的扩音器,以确保在紧急疏散期间更有效地使用。在乘客座位超过 100 个的飞机上,必须在客舱的机头和机尾部分放置两个这种扩音器。

（4）飞机必须配备经批准的机上急救箱,用于飞行中的急救和地面紧急情况,数量如表 5.4 中所示。

表 5.4　机上急救箱数量

乘客座位数	要求的药箱数
1~50	1
51~150	2
151~250	3
251 及以上	4

所有急救箱应放置在空乘人员容易达到的地方,并在可能的情况下均匀分布在整个客舱内。

（5）在水上飞行时,飞机必须配备以下紧急救生设备：

（a）离岸飞行时间少于 30 分钟的飞机配备：成人和儿童的个人救生艇-救生衣,以及演示用救生衣。乘客和机组人员的救生衣不能用于演示。

（b）离岸飞行时间多于 30 分钟,对本条(a)还要附加：

（i）组合救生艇包括充气筏和应急用品,并配有生命支持设备和紧急警报；

（ii）自动无线电浮标。

增加的该附则中,(1)要求飞机必须配备在紧急情况下或机组人员跌倒时在空中发送求救信号的特殊装置;(2)要求超过 19 个乘客座位的飞机必须具有经过批准的机组对讲系统,并对对讲系统的功能进行了详细规定;(3)要求客机必须配备自供电的便携式扩音器,并规定了扩音器的数量和放置位置;(4)要求飞机必须配备经批准的机上急救箱,并规定了急救箱的数量和位置;(5)规定了在水上飞行时飞机必须配备的紧急救生设备。

第**6**章

E 分部《动力装置》对比分析

6.1 E 分部 AП-25-9 和 CCAR-25-R4 各条款名称及内容同异性

《运输类飞机适航标准》E 分部《设计与构造》中,AП-25-9 和 CCAR-25-R4 包含的条款号、条款名称以及同异性如表 6.1 所示。

表 6.1　E 分部 AП-25-9 和 CCAR-25-R4
相应的条款号、条款名称以及同异性

序号	AП-25-9	CCAR-25-R4	内容是否相同
1	第 25.901 条　安装	第 25.901 条　安装	否
2	第 25.903 条　发动机	第 25.903 条　发动机	否
3	第 25.904 条　起飞推力自动控制系统(ATTCS)	第 25.904 条　起飞推力自动控制系统(ATTCS)	是
4	第 25.905 条　螺旋桨	第 25.905 条　螺旋桨	否
5	第 25.907 条　螺旋桨振动	第 25.907 条　螺旋桨振动	否
6	第 25.925 条　螺旋桨间距	第 25.925 条　螺旋桨间距	是
7	第 25.929 条　螺旋桨防冰	第 25.929 条　螺旋桨除冰	否
8	第 25.933 条　反推力系统	第 25.933 条　反推力系统	是

序号	AΠ-25-9	CCAR-25-R4	内容是否相同
9	第25.934条　涡轮喷气发动机反推力装置系统试验	第25.934条　涡轮喷气发动机反推力装置系统试验	是
10	第25.937条　涡轮螺旋桨阻力限制系统	第25.937条　涡轮螺旋桨阻力限制系统	是
11	第25.939条　发动机工作特性	第25.939条　涡轮发动机工作特性	是
12	第25.941条　进气系统、发动机和排气系统的匹配性	第25.941条　进气系统、发动机和排气系统的匹配性	是
13	第25.943条　负过载	第25.943条　负加速度	是
14	第25.945条　推力或功率增大系统	第25.945条　推力或功率增大系统	否
15	第25.951条　总则	第25.951条　总则	是
16	第25.952条　燃油系统分析和试验	第25.952条　燃油系统分析和试验	是
17	第25.953条　燃油系统的独立性	第25.953条　燃油系统的独立性	是
18	第25.954条　燃油系统的闪电防护	第25.954条　燃油系统的闪电防护	是
19	第25.955条　燃油流量	第25.955条　燃油流量	否
20	第25.957条　连通油箱之间的燃油流动	第25.957条　连通油箱之间的燃油流动	是
21	第25.959条　不可用燃油量	第25.959条　不可用燃油量	是
22	第25.961条　燃油系统在热气候条件下的工作	第25.961条　燃油系统在热气候条件下的工作	否
23	第25.963条　燃油箱：总则	第25.963条　燃油箱：总则	否
24	第25.965条　燃油箱试验	第25.965条　燃油箱试验	否
25	第25.967条　燃油箱安装	第25.967条　燃油箱安装	是
26	第25.969条　燃油箱的膨胀空间	第25.969条　燃油箱的膨胀空间	是

序号	AΠ－25－9	CCAR－25－R4	内容是否相同
27	第 25.971 条　燃油箱沉淀槽	第 25.971 条　燃油箱沉淀槽	是
28	第 25.973 条　油箱加油口接头	第 25.973 条　油箱加油口接头	是
29	第 25.975 条　燃油箱的通气	第 25.975 条　燃油箱的通气和汽化器蒸气的排放	否
30	第 25.977 条　燃油箱出油口	第 25.977 条　燃油箱出油口	否
31	第 25.979 条　压力加油系统	第 25.979 条　压力加油系统	是
32	第 25.981 条　燃油箱温度	第 25.981 条　燃油箱点燃防护	否
33	第 25.991 条　燃油泵	第 25.991 条　燃油泵	是
34	第 25.993 条　燃油系统导管和接头	第 25.993 条　燃油系统导管和接头	是
35	第 25.994 条　燃油系统部件的防护	第 25.994 条　燃油系统部件的防护	是
36	第 25.995 条　燃油阀	第 25.995 条　燃油阀	是
37	第 25.997 条　燃油滤网或燃油滤	第 25.997 条　燃油滤网或燃油滤	是
38	第 25.999 条　燃油系统放液嘴	第 25.999 条　燃油系统放液嘴	是
39	第 25.1001 条　应急放油系统	第 25.1001 条　应急放油系统	否
40	第 25.1011 条　总则	第 25.1011 条　总则	否
41	第 25.1013 条　滑油箱	第 25.1013 条　滑油箱	是
42	第 25.1015 条　滑油箱试验	第 25.1015 条　滑油箱试验	是
43	第 25.1017 条　滑油导管和接头	第 25.1017 条　滑油导管和接头	是
44	第 25.1019 条　滑油滤	第 25.1019 条　滑油滤网和滑油滤	否
45	第 25.1021 条　滑油系统放油嘴	第 25.1021 条　滑油系统放油嘴	是
46	第 25.1023 条　滑油散热器	第 25.1023 条　滑油散热器	是

序号	AΠ-25-9	CCAR-25-R4	内容是否相同
47	第25.1025条 滑油阀	第25.1025条 滑油阀	是
48	第25.1027条 螺旋桨顺桨系统	第25.1027条 螺旋桨顺桨系统	是
49	第25.1041条 总则	第25.1041条 总则	否
50	第25.1043条 冷却试验	第25.1043条 冷却试验	否
51	第25.1045条 冷却评估试验程序	第25.1045条 冷却试验程序	否
52	第25.1091条 进气	第25.1091条 进气	否
53	第25.1093条 进气系统的防冰	第25.1093条 进气系统的防冰	否
54		第25.1101条 汽化器空气预热器的设计	否
55	第25.1103条 进气系统管道和空气导管系统	第25.1103条 进气系统管道和空气导管系统	否
56		第25.1105条 进气系统的空气滤	否
57		第25.1107条 中间冷却器和后冷却器	否
58	第25.1121条 总则	第25.1121条 总则	是
59	第25.1123条 排气管	第25.1123条 排气管	是
60		第25.1125条 排气热交换器	否
61		第25.1127条 排气驱动的涡轮增压器	否
62	第25.1141条 动力装置的操纵器件：总则	第25.1141条 动力装置的操纵器件：总则	是
63		第25.1142条 辅助动力装置的操纵器件	否
64	第25.1143条 发动机的操纵器件	第25.1143条 发动机的操纵器件	是

序号	AΠ-25-9	CCAR-25-R4	内容 是否相同
65	第25.1145条　点火开关	第25.1145条　点火开关	是
66		第25.1147条　混合比操纵器件	否
67	第25.1149条　螺旋桨转速和桨距的操纵器件	第25.1149条　螺旋桨转速和桨距的操纵器件	是
68	第25.1153条　螺旋桨顺桨操纵器件	第25.1153条　螺旋桨顺桨操纵器件	是
69	第25.1155条　反推力和低于飞行状态的桨距调定	第25.1155条　反推力和低于飞行状态的桨距调定	否
70		第25.1157条　汽化器空气温度控制装置	否
71		第25.1159条　增压器操纵器件	否
72	第25.1161条　应急放油系统的操纵器件	第25.1161条　应急放油系统的操纵器件	是
73	第25.1163条　动力装置附件	第25.1163条　动力装置附件	是
74	第25.1165条　发动机点火系统	第25.1165条　发动机点火系统	是
75	第25.1167条　附件传动箱	第25.1167条　附件传动箱	否
76	第25.1181条　指定火区的范围	第25.1181条　指定火区的范围	否
77	第25.1182条　防火墙后面的短舱区域和包含可燃液体导管的发动机吊舱连接结构	第25.1182条　防火墙后面的短舱区域和包含可燃液体导管的发动机吊舱连接结构	是
78	第25.1183条　输送可燃液体的组件	第25.1183条　输送可燃液体的组件	否
79	第25.1185条　可燃液体	第25.1185条　可燃液体	是
80	第25.1187条　火区的排液和通风	第25.1187条　火区的排液和通风	否
81	第25.1189条　切断措施	第25.1189条　切断措施	否

序号	AⅡ - 25 - 9	CCAR - 25 - R4	内容 是否相同
82	第 25.1191 条 防火墙	第 25.1191 条 防火墙	是
83		第 25.1192 条 发动机附件部分的隔板	否
84	第 25.1193 条 发动机罩和短舱蒙皮	第 25.1193 条 发动机罩和短舱蒙皮	是
85	第 25.1195 条 灭火系统	第 25.1195 条 灭火系统	是
86	第 25.1197 条 灭火剂	第 25.1197 条 灭火剂	是
87	第 25.1199 条 灭火瓶	第 25.1199 条 灭火瓶	是
88	第 25.1201 条 灭火系统材料	第 25.1201 条 灭火系统材料	是
89	第 25.1203 条 火警探测系统	第 25.1203 条 火警探测系统	否
90	第 25.1207 条 符合性	第 25.1207 条 符合性	是
	总条数：80	总条数：90	

从表 6.1 可以看出,在 E 分部《动力装置》中,AⅡ - 25 - 9 共有 80 条,CCAR - 25 - R4 有 90 条,其中内容相同的有 51 条,其余条款内容有差异,下面将对这些有差异的条款逐一进行对比分析。

6.2 E 分部 AⅡ - 25 - 9 和 CCAR - 25 - R4 有差异条款的对比分析

第 25.901 条 安装

本条款中,AⅡ - 25 - 9 和 CCAR - 25 - R4 的(a)和(c)点完全相同,但是在(b)(i)点中两个标准的规定的条数不同,在(d)点中提及的 J 分部在 CCAR - 25 - R4 中是没有的,但 AⅡ - 25 - 9 又在其后增加了(a*)点,具体内容如下。

AⅡ - 25 - 9：

(b)(i)《航空条例》第 33 部第 33.5 条和《航空条例》第 35 部第 35.3 条规定的安装和运行文件。

（d）每个辅助动力装置必须符合本规章 J 分部的要求。

（a*）在本分部的要求中,诸如《安全运行》《飞机安全》《安全飞行》等表述,指的是在飞行中不存在根据本标准第 A - 0 分部不可接受的特殊情况。

CCAR - 25 - R4：

（b）（i）中国民用航空规章第 33.5 条中规定的安装说明书。

（d）辅助动力装置的安装必须符合本部中适用的规定。

对比以上内容发现,AΠ - 25 - 9 的（b）（i）有第 33 部和第 35 部中的第 33.5 条,而在 CCAR - 25 - R4 的（b）（i）中只有第 33.5 条,并没有指明是哪一部;关于（d）点,AΠ - 25 - 9 有 J 分部,但是在 CCAR - 25 - R4 中并没有 J 分部;AΠ - 25 - 9 补充的（a*）对《安全运行》《飞机安全》《安全飞行》等表述进行了解释,指的是在飞行中不存在根据本标准第 A - 0 分部不可接受的特殊情况,因为 CCAR - 25 - R4 中无 A - 0 分部,所以也没有这一条。

第 25.903 条　发动机

在本条款中,AΠ - 25 - 9 的（a）中的（ii）、（iii）以及（f）均为［备用］,但是在 CCAR - 25 - R4 中都有具体的条款。

AΠ - 25 - 9：

（a）（ii）［备用］；

（a）（iii）［备用］；

（f）［备用］。

CCAR - 25 - R4：

（a）（ii）必须符合 1988 年 2 月 9 日生效的中国民用航空规章第 33.77 条的规定,除了发动机有外来物吸入曾导致了不安全状态的履历之外;或

（a）（iii）必须表明具有在类似安装位置上吸入的外来物未曾造成任何不安全情况的使用履历。

（f）辅助动力装置。每台辅助动力装置必须经批准,或满足其预定使用的类型要求。

第 25.905 条　螺旋桨

本条款中,AΠ - 25 - 9 和 CCAR - 25 - R4 的（a）、（b）、（d）点完全相同,但是在 AΠ - 25 - 9 和 CCAR - 25 - R4 的（c）点中的满足的条款不同,并且 AΠ - 25 - 9 又在其后增加了（a*）、（b*）点,具体内容如下。

AΠ - 25 - 9：

（c）螺旋桨桨距系统必须符合航空规章 35 部第 35.21、35.23、35.42 和 35.43 条的要求。

（a*）对于顺桨螺旋桨,必须有装置保证在飞行中能改出顺桨状态。

（b*）如果尚未证明,在最关键运行条件下,如果要求带有动力装置状态和飞机控制性能报警的螺旋桨顺桨,允许只通过手动措施顺桨,当发动机出现故障时螺旋桨应该有自动顺桨系统。

CCAR-25-R4:

（c）桨距操纵系统的每个部件必须满足中国民用航空规章第35.42条的要求。

本条款中,AΠ-25-9需满足航空规章35部第35.21、35.23、35.42和35.43条的要求,但是CCAR-25-R4只要求满足中国民用航空规章第35.42条的要求,两者需要满足的条款数不同;AΠ-25-9增加的（a*）和（b*）点提出了对螺旋桨顺桨的具体要求。

第25.907条　螺旋桨振动

本条款中,AΠ-25-9和CCAR-25-R4的内容不同。

AΠ-25-9:

本条不适用于传统的固定桨距的木制螺旋桨。

（a）振动应力或螺旋桨应力,包括预期飞机运行条件下的任何应力峰值和共振条件,必须由申请人确定。这应基于:

（1）在试验或进行计算期间直接测量应力或载荷,并由已申请发动机的飞机上的螺旋桨测试结果支持;或者

（2）将螺旋桨与安装在已进行此类测量的类似飞机上的类似螺旋桨进行比较。

（b）申请人必须通过试验结果、类似结构的运行经验支持的试验和计算表明,在飞机的预期运行条件下不存在颤振现象。

（c）申请人必须使用根据AΠ-35获得的疲劳和强度数据以及对应本条（a）点得到的振动数据对螺旋桨进行分析。本条所指的螺旋桨包括轮毂、桨叶、桨叶安装架和其他因疲劳破坏可能对飞机造成灾难性影响的部件。分析应包括:

（1）预期的螺旋桨载荷谱,包括所有预期的振动和周期载荷模式、规定的紧急情况、允许的螺旋桨旋转和扭矩限制,以及运行中预期的温度和湿度影响的容限;

（2）飞机和螺旋桨运行条件以及适航限制的影响。

CCAR-25-R4:

（a）必须按实际测量或同已作过实测的类似安装进行比较,来确定任何正常的使用条件下螺旋桨桨叶振动应力的大小。

（b）所确定的振动应力不得超过业已表明对连续工作是安全的应力值。

可以看出,AΠ-25-9在本条款中进行了大量的补充说明。如：适用范围、对应力的判断过程等。

第25.929条　螺旋桨除冰

本条款中内容表达基本一致,但在 CCAR-25-R4 中并没有在 AΠ-25-9(a)中提及的附录 O。

AΠ-25-9:

(a) 如果要求对飞机在结冰条件下进行运行审定,在本规章附录 C 中规定的结冰条件、和本规章附录 O 中规定的申请人选择的结冰条件区域,飞机具有防止或消除危险结冰的措施。对于飞机在审定的条件下运行,螺旋桨或其附件上结冰会威胁飞机的安全运行。

CCAR-25-R4:

(a) 预定在可能结冰条件下使用的飞机,必须有措施防止或除去螺旋桨上或附件(其结冰会恶化发动机性能)上达到危险程度的结冰。

本条款(a)点的主要区别是在满足条款中,AΠ-25-9 中有关于附录 O 和附录 C 的详细规定,而在 CCAR-25-R4 中没有附录 O 和附录 C 的条款规定。

第25.945条　推力或功率增大系统

本条款中,AΠ-25-9 和 CCAR-25-R4 的(a)、(c)、(d)、(e)点完全相同,但(b)(3)有差异;另外,AΠ-25-9 又增加了(a*)、(b*)点,具体内容如下。

AΠ-25-9:

(b)(3) 如果装有通气装置,则在所有正常飞行条件下通气必须有效。通气装置的设计和放置应符合 25.975(a)中给出的适用要求。

(a*) [备用]。

(b*) 增压系统的管道必须符合 25.993 的适用要求。

CCAR-25-R4:

(b)(3) 如果装有通气装置,则在所有正常飞行条件下通气必须有效。

可以看出,AΠ-25-9 强调了通气装置的设计和放置必须符合 25.975(a)中给出的适用要求;AΠ-25-9 增加的(b*)要求增压系统的管道必须符合 25.993 的适用要求。

第25.955条　燃油流量

本条款中,AΠ-25-9 和 CCAR-25-R4 的(a)点完全相同,AΠ-25-9 和 CCAR-25-R4(b)(1)点中的内容不同,但 AΠ-25-9 又在其后增加了(a*)点,具体内容如下。

АП-25-9：

(b)(1)［备用］。

(a^*)供油系统应在以下条件下验证：

● 飞机对应飞行高度，飞机的空间位置和其他条件下对应的最坏供油条件；

● 带空油箱增压泵供油；

● 从一个打开环形阀的油箱向两个发动机供油。

CCAR-25-R4：

(b)(1)对于活塞发动机，向发动机供油的任一油箱内可用燃油耗尽而使该发动机功能明显不正常时，在转由其他还有可用燃油的油箱供油后 20 秒钟内，燃油系统必须向该发动机供应足够压力的燃油。

在本条款中，АП-25-9(b)(1)为［备用］，但 CCAR-25-R4(b)(1)中有具体内容；АП-25-9 的(a^*)增加了供油系统的验证条件。

第 25.961 条　燃油系统在热气候条件下的工作

本条款 АП-25-9 和 CCAR-25-R4 内容基本相同，但在(a)(1)与(a)(4)(i)的内容不同，(a)(5)也有少许差别。

АП-25-9：

(a)(1)［备用］。

(a)(4)爬升速度不得超过：

(i)［备用］。

(a)(5)燃油温度必须至少为 45℃。

CCAR-25-R4：

(a)(1)对于活塞发动机飞机，发动机必须以最大连续功率工作，但在临界高度以下 300 米(1000 英尺)至临界高度范围内必须使用起飞功率。使用起飞功率的持续时间不得小于起飞时间限制值；

(a)(4)爬升空速符合下列规定：

(i)对于活塞发动机飞机，不得超过从起飞到最大使用高度所规定的最大爬升空速，飞机形态规定如下：

(A)起落架在收上位置；

(B)襟翼处于最有利位置；

(C)整流罩风门(或控制发动机冷却源的其他设施)处于在热天条件下提供足够冷却的位置；

(D)发动机在最大连续功率限制内工作；

(E)最大起飞重量。

(a)(5)燃油温度必须至少为 43℃(110 ℉)。

可以看出：AΠ-25-9 的(a)(1)和(a)(4)为[备用]，而 CCAR-25-R4(a)(1)和(a)(4)有具体内容，(a)(5)中 AΠ-25-9 要求的燃油最低温度比 CCAR-25-R4 的要求略高。

第 25.963 条　燃油箱：总则

本条款中，AΠ-25-9 和 CCAR-25-R4 的(d)点内容完全不同，其余内容完全相同。

AΠ-25-9：

(d) 燃油箱的设计、定位和安装必须尽可能地使燃油不会溢出到机身、机身附近或发动机附近，其量不足以在飞机坠毁救生中引发危险点火；和

(1) 燃油箱必须能防止爆炸并保存燃油，在设计流体静力学条件下，油箱内的压力 P 按以下公式变化：

$$P = k\rho gL \tag{6.1}$$

式中，L 为压力确定点与油箱在装载方向最远边界之间的设计距离；ρ 为准燃料密度；g 为自由落体加速度；$k=4.5$，用于机身轮廓外油箱的前向加载条件；$k=9.0$，用于机身轮廓内油箱的前向加载条件；$k=1.5$，用于向后加载条件；$k=3.0$，用于机身轮廓内的油箱的朝向机舷和背向机舷的加载条件；$k=1.5$，用于机身轮廓外的油箱的朝向机舷和背向机舷的加载条件；$k=6.0$，用于向下加载条件；$k=3.0$，用于向上加载条件。

(2) 位于机身附近和发动机附近的机翼油箱(部分)，应采用如下(i)和(ii)中燃油压力值中的较高者：

(i) 按照本条(d)(1)点确定的燃油压力，和

(ii) 以下两个条件中的较小者：

(A) 由第 25.561(b)(3)条规定的加速度产生的燃油压力，考虑到燃油箱完全装满最大密度燃油。基于 $9.0g$ 前向加速度的燃油压力可以用等于油箱局部弦向距离的燃油柱高度来计算。对于内侧和外侧加速度条件，可以使用 $1.5g$ 的加速度值代替 25.561(b)(3)中规定的 $3.0g$；

(B) 由 25.561(b)(3)条规定的加速度产生的燃油压力，考虑到燃油体积超过每个油箱中最大允许容积的 85%，使用 85% 燃油位的燃油柱高度。可以使用相应燃料的典型密度。对于朝向机舷和背向机舷加速度条件，可以使用 $1.5g$ 的加速度值代替 25.561(b)(3)中规定的 $3.0g$。

(3) 如果被证明能有效限制燃油溢出，燃油箱内部的隔板和分隔膜可以被视为实心边界。

(4) 对于每个油箱和周围的机身结构，地面撞击造成的挤压和磨损的影响不

得引起在 25.721(b)条规定的条件下可能成为火灾源的燃油泄漏量或温度。

(5) 燃油箱的安装必须使油箱不会因第 25.721(a)和(c)条规定的发动机挂架或发动机支架或起落架分离而断裂。

CCAR - 25 - R4:

(d) 机身内的燃油箱在受到第 25.561 条所述应急着陆情况的惯性力作用时,必须不易破裂并能保存燃油。此外,这些油箱的安装位置必须有防护,使油箱不大可能擦地。

可以看出:AП - 25 - 9 对于燃油箱的具体设计,以及定位和安装均有要求,在 CCAR - 25 - R4 中的要求比较简单,只是说明了防护要求。

第 25.965 条 燃油箱试验

本条款内容基本相同,但在(c)中的所用燃油温度不同。

AП - 25 - 9:

(c) 除非表明安装条件极小可能的相似的同类油箱已有满意的使用经验,否则非金属油箱必须经受本条(b)(5)规定的试验,所用燃油温度为 45℃。试验时,必须将有代表性的油箱试件安装在模拟装机情况的支承结构上。

CCAR - 25 - R4:

(c) 除非表明安装条件极小可能的相似的同类油箱已有满意的使用经验,否则非金属油箱必须经受本条(b)(5)规定的试验,所用燃油温度为 43℃ (110 ℉)。试验时,必须将有代表性的油箱试件安装在模拟装机情况的支承结构上。

可以看出,在本条款中,CCAR - 25 - R4 与 AП - 25 - 9 要求的所用燃油温度有 2℃的差别。

第 25.975 条 燃油箱的通气

本条款 AП - 25 - 9 的名称为燃油箱的通气,CCAR - 25 - R4 中的名称为燃油箱的通气和汽化器蒸气的排放,所以,在 CCAR - 25 - R4 中多出了汽化器蒸气的排放内容。

CCAR - 25 - R4:

(b) 汽化器蒸气的排放。每个具有蒸气消除器接头的汽化器,必须有排放管将蒸气引回到某一燃油箱内。此外,应满足下列要求:

(1) 每一排放系统必须具有防止被结冰堵塞的措施;

(2) 如果装有多个燃油箱,并且各燃油箱的使用必须按一定顺序,则必须将每根蒸气排放回输管引回到供起飞着陆用的燃油箱。

可以看出:在 CCAR - 25 - R4 中,对汽化器蒸气的排放也进行了规定。

第25.977条　燃油箱出油口

本条款中 AП－25－9(a)(1)为［备用］,CCAR－25－R4 有明确条款。

AП－25－9:

(a)(1)［备用］。

CCAR－25－R4:

(a)(1)对于活塞发动机飞机,该滤网为 8~16 目/英寸。

如前所述,AП－25－9 删除了所有与活塞发动机飞机相关的内容。

第25.981条　燃油箱温度

本条款 AП－25－9 的名称为燃油箱温度,而 CCAR－25－R4 该编号条款名称为燃油箱点燃防护,在具体内容中,AП－25－9 有(a)、(b)、(c)点,CCAR－25－R4有(a)、(b)、(c)、(d)点,除(a)点外,其他各点内容差异较大,具体内容如下。

AП－25－9:

(b)根据对本节要求的评估,必须建立必要的关键设计构型控制限制,检查其他程序,以防止燃油箱系统内形成点火源,并按 25.1529 的要求将其包括在持续适航手册的《适航限制》部分中。

在飞机的维护、修理或任何其他行动可能危及关键结构元件完整性的区域,必须设置识别这些关键设计特征的可视化措施(如用导线的颜色编码识别隔离限制)。

(c)油箱的安装还必须包括:

(1)燃料箱中最少形成易燃蒸气的措施("最小"是指采取实际的设计措施以减少形成易燃蒸气的可能性);或者

(2)降低油箱内燃料蒸气点火后果的措施,使得燃油蒸气点燃所造成的损伤不会妨碍飞机继续安全飞行和着陆。

CCAR－25－R4:

(b)除本条(b)(2)和(c)规定的以外,一架飞机上每一燃油箱的机队平均可燃性暴露时间均不得超过本部附录 N 中定义的可燃性暴露评估时间(FEET)的3%,或所评估机型机翼燃油箱的可燃性暴露时间,取较大者。如果机翼不是传统的非加热铝制机翼,则必须在假定的、与传统的非加热铝制机翼油箱等效的基础上进行分析。

(1)机队平均可燃性暴露时间应按照本部附录 N 来确定。必须按照中国民用航空局适航部门认可的方法和程序进行评估。

(2)除主燃油箱以外,飞机上的任何燃油箱,只要有部分位于机身轮廓线以内,就必须满足本部附录 M 规定的可燃性暴露标准。

（3）本段用到的术语：

（i）等效的传统非加热铝制机翼燃油箱，是一个位于亚声速飞机非加热半硬壳式铝制机翼内的整体油箱，该机翼在气动性能、结构能力、油箱容量以及油箱构型上与所设计的机翼相当。

（ii）机队平均可燃性暴露在本部附录 N 中定义，是指在一个机型机队运行的各个航段距离范围内，每个燃油箱的空余空间处于可燃状态的时间比例。

（iii）主燃油箱指直接向一台或多台发动机供油，并且在每次飞行过程中持续保持所需燃油储备的燃油箱。

（c）本条(b)不适用于采用减轻燃油蒸气点燃影响措施的燃油箱，该措施使得燃油蒸气点燃所造成的损伤不会妨碍飞机继续安全飞行和着陆。

（d）必须建立必要的关键设计构型控制限制（CDCCL）、检查或其他程序，以防止：依照本条(a)的燃油箱系统内形成点火源；油箱可燃性暴露时间超过本条(b)的允许值；以及按照本条(a)或(c)采用的任何措施的性能和可靠性的降低。这些 CDCCL、检查和程序必须纳入第 25.1529 条所要求的持续适航文件的适航限制部分。飞机上可预见的维修行为、修理或改装会危及关键设计构型控制限制的区域内，必须设置识别这些关键设计特征的可视化措施（如用导线的颜色编码识别隔离限制）。这些可视化措施也必须被认定为 CDCCL。

对比该条款中 AΠ-25-9 与 CCAR-25-R4 的具体内容，发现 CCAR-25-R4(d)的内容与 AΠ-25-9(b)基本相同，而 CCAR-25-R4 中的(b)、(c)是 AΠ-25-9 中没有的；CCAR-25-R4(b)规定了一架飞机上每一燃油箱的机队平均可燃性暴露时间；CCAR-25-R4(c)是对 CCAR-25-R4(b)规定条件的解释。

第 25.1001 条　应急放油系统

本条款中 AΠ-25-9 与 CCAR-25-R4 的内容基本一致，但在(e)中 AΠ-25-9 为[备用]，CCAR-25-R4 有明确的规章条款。

AΠ-25-9：

（e）[备用]。

CCAR-25-R4：

（e）对于活塞发动机飞机，必须具有措施，防止将起飞着陆所用的油箱中的燃油放油至低于以 75% 最大连续功率飞行 45 分钟所需油量。如果装有与应急放油主控制器相独立的辅助控制器，则可将应急放油系统设计成利用应急放油辅助控制器放出余下的燃油。

在本条款中，可以看到两者中(e)的内容不一样，AΠ-25-9(e)为备用，

CCAR-25-R4(e)有明确的针对活塞发动机飞机的规章条款。

第25.1011条　总则

本条款中AΠ-25-9和CCAR-25-R4的(a)和(b)点的前段完全相同，但CCAR-25-R4在(b)点多出有关活塞发动机飞机的内容以及(c)点，具体如下。

CCAR-25-R4：

(b)对于活塞发动机飞机，可用下列燃油/滑油容积比来代替按飞机航程计算滑油需用量的理论分析：

(1) 对于没有备用滑油或滑油转输系统的飞机，燃油/滑油容积比为30∶1；

(2) 对于具有备用滑油或滑油转输系统的飞机，燃油/滑油容积比为40∶1。

(c) 如果经过发动机实际滑油消耗数据的证实，可以采用大于本条(b)(1)和(2)规定的燃油/滑油容积比。

如前所述，AΠ-25-9删除了所有与活塞发动机飞机相关的内容。

第25.1019条　滑油滤

本条款中，AΠ-25-9和CCAR-25-R4的(a)点完全相同，但CCAR-25-R4多了(b)点，具体内容如下。

CCAR-25-R4：

(b) 使用活塞发动机的动力装置安装中，滑油滤网或滑油滤的构造和安装，必须使得在该滤网或油滤滤芯完全堵塞的情况下，滑油仍能以正常的速率流经系统的其余部分。

如前所述，AΠ-25-9删除了所有与活塞发动机相关的内容。

第25.1041条　总则

本条款中，AΠ-25-9和CCAR-25-R4的内容不完全一样。

AΠ-25-9：

在地面、水面和空中运行条件下以及在发动机正常停车后，动力装置的冷却(如有必要)和加热设施，必须能使动力装置部件、发动机所用的液体温度，均保持在对这些部件和液体所制定的温度限制以内。

CCAR-25-R4：

在地面、水面和空中运行条件下以及在发动机或辅助动力装置或两者正常停车后，动力装置和辅助动力装置的冷却设施，必须能使动力装置部件、发动机所用的液体以及辅助动力装置部件和所用的液体温度，均保持在对这些部件和液体所制定的温度限制以内。

可以看出,在 CCAR − 25 − R4 中对冷却的对象增加了一个辅助动力装置。

第 25.1043 条 冷却试验

本条款中,AΠ − 25 − 9 和 CCAR − 25 − R4 的大部分内容相同,但是在(a)(3)点两者的内容不同,(b)点也有差异,且 CCAR − 25 − R4 中还有(d)点。

AΠ − 25 − 9:

(a)(3)[备用]。

(b) 对应于飞机期许的使用条件,相应于海平面条件的最高外界大气温度必须至少规定为 38℃。

CCAR − 25 − R4:

(a)(3) 对于活塞发动机,冷却试验所用的燃油必须是经批准用于该发动机的最低燃油品级,而燃油混合比必须是进行冷却试验的飞行阶段通常使用的调定值。试验程序必须按第 25.1045 条的规定。

(b) 相应于海平面条件的最高外界大气温度必须至少规定为 37.8℃(100℉)。

(d) 气缸筒温度的修正系数。气缸筒温度必须进行修正,修正方法为:此温度加上最高外界大气温度与外界空气温度(冷却试验中记录的气缸筒最高温度首次出现时的外界空气温度)差值的 70%,如果采用更合理的修正方法则除外。

在本条款中,AΠ − 25 − 9(a)(3)为[备用],CCAR − 25 − R4(3)内容与活塞发动机相关;(b)中相应于海平面条件的最高外界大气温度两者有 0.2℃的差别;CCAR − 25 − R4 中还有(d)气缸筒温度的修正系数,AΠ − 25 − 9 并没有这个参数。

第 25.1045 条 冷却试验程序

本条款中,AΠ − 25 − 9 和 CCAR − 25 − R4 的(b)点完全相同,但是在(a)、(e)点中有微小差别,并且 CCAR − 25 − R4(d)点中有内容,而 AΠ − 25 − 9(d)点为[备用],具体内容如下。

AΠ − 25 − 9:

(a) 对于冷却试验,当温度变化率小于每分钟 1℃ 时,则认为温度已达到"稳定"。

(d)[备用]。

(e) 对于船体式水上飞机和水陆两用飞机,必须以比断阶速度高 10 km/h 的速度顺风滑行 10 分钟来表明冷却情况。

CCAR − 25 − R4:

（a）对于冷却试验，当温度变化率小于每分钟 1.1℃（2℉）时，则认为温度已达到"稳定"。

（d）对于活塞发动机飞机的冷却试验，可以假设，当飞机达到高于起飞表面 460 米（1 500 英尺）的高度，或达到起飞段的某一点，在该点完成由起飞形态转入航路形态而且速度达到表明符合第 25.121（c）条规定的速度值（两种高度中取高者），起飞段即结束，飞机必须处于下列状态：

（1）起落架在收上位置；

（2）襟翼处于最有利位置；

（3）整流罩风门片（或控制发动机冷却源的其他设施）处于热天条件下能提供足够冷却的位置；

（4）临界发动机停车，其螺旋桨停转；

（5）其余发动机处于该高度的可用最大连续功率状态。

（e）对于船体式水上飞机和水陆两用飞机，必须以比断阶速度高 5 节的速度顺风滑行 10 分钟来表明冷却情况。

如前所述，AΠ－25－9 删除了所有与活塞发动机相关的内容；在（a）中 AΠ－25－9 和 CCAR－25－R4 的温度变化率不同，在（e）中，两者的断阶速度的所用单位也不同。

第 25.1091 条　进气

本条款中 AΠ－25－9 和 CCAR－25－R4 的（a）、（b）、（c）点都有不同，其他点的内容基本相同。

AΠ－25－9：

（a）每台发动机的供气系统必须提供：

（1）在申请合格审定的每种运行条件下供给该发动机所需的空气量；

（2）当进气系统阀处于任一位置时，供给正常燃油调节和混合比分配所需的空气量。

（b）［备用］。

（c）除非用防火隔板将整流罩内设置进气口的部分与发动机附件部分隔开，进气口不得开设在发动机整流罩内。

CCAR－25－R4：

（a）发动机和辅助动力装置的进气系统，应满足下列要求：

（1）在申请合格审定的每种运行条件下，必须能够供给该发动机和辅助动力装置所需的空气量；

（2）当进气系统阀处于任一位置时，必须能够供给正常燃油调节和混合比分配所需的空气量。

(b) 每台活塞发动机必须有一个能防止雨水、冰块或任何其他外来物进入的备用进气源。

(c) 除非具备下列条件下之一,进气口不得开设在发动机整流罩内:

(1) 用防火隔板将整流罩内设置进气口的部分与发动机附件部分隔开;

(2) 对于活塞发动机,具有防止回火火焰的措施。

本条款的(a)中,CCAR - 25 - R4 规定的是发动机和辅助动力装置的进气系统,而 AΠ - 25 - 9 只指发动机的供气系统;在(b)中,AΠ - 25 - 9 为[备用],而 CCAR - 25 - R4 是有关活塞发动机的内容;(c)的内容基本一致(除活塞发动机飞机的内容外)。

第25.1093条　进气系统的防冰

本条款中,AΠ - 25 - 9 和 CCAR - 25 - R4(b)点的内容不同,但 CCAR - 25 - R4 有(a)、(c)点,而 AΠ - 25 - 9(a)为[备用],无(c)。具体内容如下。

AΠ - 25 - 9:

(a) [备用]。

(b) 燃气涡轮发动机。

每台带有所有防冰系统的燃气涡轮发动机应该:

(1) 在发动机运行条件的整个范围内,包括下降期间慢车最低速度,在本规章附件 C、O 和 P 规定的结冰条件下,以及在为飞机运行规定的限制范围内的降雪和暴风雪条件下运行,而在发动机、进气口部件或机身部件上没有导致以下任何情况的冰积聚:

(ⅰ) 对机载发动机的运行产生不利影响或导致功率或推力损失而无法恢复,或不可接受的气体工作温度上升,或机体和发动机不兼容,或者

(ⅱ) 造成不可接受的瞬间动力或牵引力损失,或发动机损坏;或者

(ⅲ) 导致失速、喘振或熄火(自动停机)或发动机失控(例如,自发反转)。

(2) 在表 6.2 中规定的以下结冰条件下,在地面慢车运转至少 30 分钟,除非被类似的更关键的测试条件替代。根据飞机飞行手册中规定的程序,在发动机功率增加到起飞功率或推力后,必须使用可用的引气除冰来证明这些条件。在慢速运行期间,发动机可以以主管当局可接受的方式定期切换到中等功率或推力。分析可用于表明低于测试温度的环境温度不太重要。申请人必须记录增加发动机功率的程序(包括慢速增加之间的最大时间间隔、功率或推力模式以及在该模式下运行的持续时间)、相应的最低环境温度和最大发动机时间间隔。这些条件必须用于根据 25.1521 建立飞机运行限制的分析。

表 6.2　地面测试的结冰条件

条　件	总气温	水浓度(最低)	液滴中位体积直径	验　证
1. 霜冻条件	0~15℉ (-18~-9℃)	液体—0.3 g/m³	15~25 μm	试验、计算或两者的结合
2. 结冰条件	20~30℉ (-7~-1℃)	液体—0.3 g/m³	15~25 μm	试验、计算或两者的结合
3. 大雨条件	15~20℉ (-9~-1℃)	液体—0.3 g/m³	15~25 μm	试验、计算或两者的结合

CCAR - 25 - R4:

(a) 活塞发动机。活塞发动机的进气系统必须有防冰和除冰措施。除非用其他方法来满足上述要求,否则必须表明,在温度为-1.1℃(30℉)的无可见水汽的空气中,每架装有高空发动机的飞机,均符合下列规定:

(1) 采用普通文氏管式汽化器时,装有预热器,能在发动机以60%最大连续功率运转情况下提供67℃(120℉)的温升;

(2) 采用可减少结冰概率的汽化器时,装有预热器,能在发动机以60%最大连续功率运转情况下提供56℃(100℉)的温升。

(b) 涡轮发动机。

(1) 每台涡轮发动机必须能在下列条件下在其整个飞行功率(推力)范围(包括慢车)工作,而发动机、进气系统部件或飞机机体部件上没有不利于发动机运转或引起功率或推力严重损失的冰积聚:

(i) 附录 C 规定的结冰条件;

(ii) 为飞机作该类营运所制定的使用限制内的降雪和扬雪情况。

(2) 每台涡轮发动机必须在温度-9~-1℃(15~30℉)、液态水含量不小于0.3克/米³、水呈水滴状态(其平均有效直径不小于20微米)的大气条件下,进行地面慢车运转30分钟,此时可供发动机防冰用的引气处于其临界状态,而无不利影响,随后发动机以起飞功率(推力)作短暂运转。在上述30分钟慢车运转期间,发动机可以按适航当局可接受的方式间歇地加大转速到中等功率(推力)。

(c) 增压式活塞发动机　每台装有增压器(对进入汽化器之前的空气进行增压)的活塞发动机,在判断符合本条(a)的规定时,在任何高度上均可利用由此增压所产生的空气温升,只要所利用的温升是在有关的高度和运转条件下因增压而自动获得的。

本条款中,AΠ-25-9 的内容非常具体,而 CCAR-25-R4 的内容比较概念化,另外,AΠ-25-9 删除了所有与活塞发动机相关的内容。

第25.1103条　进气系统管道和空气导管系统

本条款中 AΠ-25-9 和 CCAR-25-R4 的内容基本一致,但是在(b)(2)中 AΠ-25-9 的内容比 CCAR-25-R4 少,另外,AΠ-25-9 的(e)和(f)为[备用],但 CCAR-25-R4 中均有具体内容。

AΠ-25-9:

(b)(2)如果它通过需要装置灭火系统的任何火区,必须是耐火的。

(e)[备用]。

(f)[备用]。

CCAR-25-R4:

(b)(2)进气管道如果位于需要装置灭火系统的任何火区内,必须是耐火的,但辅助动力装置的进气管道在辅助动力装置火区内必须是防火的。

(e)辅助动力装置的进气系统管道,在辅助动力装置舱上游足够长的一段距离上,必须是防火的,以防止热燃气回流烧穿辅助动力装置管道并进入飞机的任何其他隔舱或区域(热燃气进入这些地方会造成危害)。用于制造进气系统管道其他部分和辅助动力装置进气增压室的材料,必须能经受住很可能出现的最热状态。

(f)辅助动力装置的进气系统管道,必须用不会吸收或积存危险量可燃液体(在喘振或回流情况下可能被点燃)的材料来制造。

本条款的主要区别源于 AΠ-25-9 有专门的 J 分部《辅助动力装置》。

第25.1155条　反推力和低于飞行状态的桨距调定

该条款 AΠ-25-9 和 CCAR-25-R4 内容相差较大,具体如下。

AΠ-25-9:

低于飞行状态(涡轮喷气发动机飞机的反推力)的桨距调定的每一操纵器件,应该有:

(a)在飞行慢车位置必须有可靠的锁或止动器,它必须要求机组采取特别的、区别于其他的动作,才能将操纵器件从飞行状态(对于涡轮喷气发动机飞机为正推力状态)转向产生负推力位移的一面。这些特别的、区别于其他的动作的执行应该只有在将发动机控制设置为小油门后才能进行。

(b)可防止低于飞行模式下意外和有意移动或开启螺旋桨桨距设置(对于具有涡轮喷气发动机的飞机而言,推力反转)的装置,当飞机超出此操作允许的飞行模式范围时,这种装置不可能强行作用。

(c)使本节(b)点规定的装置失效的可靠性水平应是不太可能的事件。

(d) 用以警告机组人员本条(b)款中所述的装置发生故障的装置。

(e) 当飞机位于批准的用于此操作的飞行模式区域之外,应有向机组人员提醒驾驶舱控制机构已从飞行模式(从具有涡轮喷气发动机的飞机的直接推力)移动到螺旋桨桨距设定飞行模式位置(对于具有涡轮喷气飞机的推力反转)的装置。

如果在本条(b)点下要求的设备是防止所述控制器运动的机械联锁装置,则无需提供此类警告。

CCAR-25-R4:

用于反推力和低于飞行状态的桨距调定的每一操纵器件,均必须有防止被误动的措施。该措施在飞行慢车位置必须有确实的锁或止动器,而且必须要求机组采取另外明显动作,才能将操纵器件从飞行状态(对于涡轮喷气发动机飞机为正推力状态)的位置移开。

本条款中,AΠ-25-9(a)中的内容与CCAR-25-R4的全部内容基本相同,但AΠ-25-9多出了(b)、(c)、(d)、(e)点,提出了更多更高的要求。

第25.1167条 附件传动箱

本条款中AΠ-25-9和CCAR-25-R4内容有差异。

AΠ-25-9:

(a) 发动机连同传动箱及与其相连的传动件和轴,必须按《航空规章》第33部第33.87条有关的规定进行耐久性试验;

(b) 附件传动箱必须满足《航空规章》第33部第33.25或33.91条的相关要求。

CCAR-25-R4:

(a) 发动机连同传动箱及与其相连的传动件和轴,必须按发动机适航标准中有关的规定进行耐久性试验;

(b) 附件传动箱必须满足发动机适航标准中有关附件连接和发动机部件试验的要求。

可以看出,AΠ-25-9和CCAR-25-R4各自的标准不同,且规章的条数也有差异。

第25.1181条 指定火区的范围

该条款中AΠ-25-9和CCAR-25-R4的(a)(1)、(a)(2)以及(b)不同,具体如下。

AΠ-25-9:

(a) 指定火区指下列各部分:

(1) [备用];

（2）［备用］；

（b）每一指定火区必须满足 25.863、25.865、25.867、25.869 和 25.1185～25.1203 的要求，并且没有由镁合金或其他燃烧不能通过机载灭火系统扑灭的材料制成的结构元件（经认证是发动机一部分的元件除外）。

CCAR－25－R4：

（a）指定火区指下列各部分：

（1）发动机动力部分；

（2）发动机附件部分；

（b）每一指定火区必须满足第 25.863、25.865、25.867、25.869 条，以及第 25.1185 至 25.1203 条的要求。

对比以上内容可以看出，对指定火区，CCAR－25－R4 多了两个部分；但 AΠ－25－9 的（b）点特别对火区材料提出了要求。

第 25.1183 条　输送可燃液体的组件

本条款 AΠ－25－9 和 CCAR－25－R4 的（a）和（b）完全相同，但是在 CCAR－25－R4 中还有（c），在 AΠ－25－9 中并没有（c）。

CCAR－25－R4：

（c）在指定火区内，如果暴露在火中或者被火损坏时会出现下列可能，则包括输送管在内的所有组件都必须是防火的：

（1）导致火焰蔓延到飞机的其他区域；或

（2）引起对重要设施或设备的无意工作，或者失去工作的能力。

对比以上内容可以看出，CCAR－25－R4 在指定火区的防火上的要求更加宽泛。

第 25.1187 条　火区的排液和通风

本条款中 AΠ－25－9 和 CCAR－25－R4 的（a）～（d）内容完全相同，但（e）有所不同。

AΠ－25－9：

（e）必须有措施使机组能切断通向任何火区的强迫风源，如果灭火剂剂量和喷射率是以通过该火区的最大空气流量为依据的则除外。

CCAR－25－R4：

（e）除短舱的发动机动力部分和燃烧加温器的通风管道外，必须有措施使机组能切断通向任何火区的强迫风源，如果灭火剂剂量和喷射率是以通过该火区的最大空气流量为依据的则除外。

本条款中 CCAR－25－R4 多了一个前提条件：除短舱的发动机动力部分和燃

烧加温器的通风管道外。

第 25.1189 条　切断措施

本条款中 AΠ‐25‐9 和 CCAR‐25‐R4 的内容基本一致,只是在(a)点遵从的规定不同。

AΠ‐25‐9:

(a) 每台发动机安装和第 25.1181(a)(5)条规定的各个火区必须有措施。

CCAR‐25‐R4:

(a) 每台发动机安装和第 25.1181(a)(4)与(5)条规定的各个火区必须有措施。

本条款中 CCAR‐25‐R4 多了第 25.1181(a)(4)的条款规定。

第 25.1203 条　火警探测系统

本条款中,AΠ‐25‐9 和 CCAR‐25‐R4 的(a)~(g)点完全相同,但 CCAR‐25‐R4 多了(h)点,具体内容如下。

CCAR‐25‐R4:

(h) 火区内每个火警或过热探测系统的电气线路互联系统(EWIS)必须符合 25.1731 条的要求。

CCAR‐25‐R4 对火区内每个火警或过热探测系统的电气线路互联系统提出了要求。

第7章

F 分部《设备》对比分析

7.1 F 分部 AΠ – 25 – 9 和 CCAR – 25 – R4 各条款名称及内容同异性

《运输类飞机适航标准》F 分部《设备》中，AΠ – 25 – 9 和 CCAR – 25 – R4 所包含的条款号、条款名称以及对应条款内容的同异性如表 7.1 所示。

表 7.1　F 分部 AΠ – 25 – 9 和 CCAR – 25 – R4
相应的条款号、条款名称及同异性

序号	AΠ – 25 – 9	CCAR – 25 – R4	内容是否相同
1	第 25.1301 条　功能和安装	第 25.1301 条　功能和安装	否
2	第 25.1303 条　飞行和导航仪表	第 25.1303 条　飞行和导航仪表	是
3	第 25.1305 条　动力装置仪表	第 25.1305 条　动力装置仪表	否
4	第 25.1307 条　其他设备	第 25.1307 条　其他设备	否
5	第 25.1309 条　设备、系统及安装	第 25.1309 条　设备、系统及安装	否
6	第 25.1310 条　电源容量和分配	第 25.1310 条　电源容量和分配	是
7	第 25.1316 条　系统闪电防护	第 25.1316 条　系统闪电防护	是
8	第 25.1317 条　高强辐射场（HIRF）防护	第 25.1317 条　高强辐射场（HIRF）防护	否

序号	AⅡ-25-9	CCAR-25-R4	内容是否相同
9	第25.1321条　仪表布局和可见度	第25.1321条　布局和可见度	否
10	第25.1322条　机组警报系统	第25.1322条　警告灯、戒备灯和提示灯	否
11	第25.1323条　空速指示系统	第25.1323条　空速指示系统	是
12	第25.1324条　安装在机体外的飞行-导航仪表传感器		否
13	第25.1325条　静压系统	第25.1325条　静压系统	是
14	第25.1326条　空速管加温指示系统	第25.1326条　空速管加温指示系统	是
15	第25.1327条　磁航向显示器(不稳定的磁罗盘)	第25.1327条　磁航向指示器	是
16	第25.1329条　自动驾驶系统	第25.1329条　飞行导引系统	是
17	第25.1331条　使用能源的仪表	第25.1331条　使用能源的仪表	是
18	第25.1333条　仪表系统	第25.1333条　仪表系统	是
19	第25.1337条　动力装置仪表	第25.1337条　动力装置仪表	否
20	第25.1351条　总则	第25.1351条　总则	否
21	第25.1353条　电气设备及安装	第25.1353条　电气设备及安装	否
22	第25.1355条　配电系统	第25.1355条　配电系统	是
23	第25.1357条　电路保护装置	第25.1357条　电路保护装置	否
24	第25.1360条　伤害注意事项	第25.1360条　预防伤害	是
25	第25.1362条　紧急情况下的电气设备	第25.1362条　应急状态供电	是
26	第25.1363条　电气系统试验	第25.1363条　电气系统试验	是

序号	AΠ－25－9	CCAR－25－R4	内容是否相同
27	第25.1365条　电气设备、马达和变压器	第25.1365条　电气设备、马达和变压器	是
28	第25.1381条　仪表灯	第25.1381条　仪表灯	是
29	第25.1383条　着陆灯	第25.1383条　着陆灯	否
30	第25.1385条　航行灯系统的安装	第25.1385条　航行灯系统的安装	是
31	第25.1387条　航行灯系统二面角	第25.1387条　航行灯系统二面角	是
32	第25.1389条　航行灯灯光分布和光强	第25.1389条　航行灯灯光分布和光强	是
33	第25.1391条　前、后航行灯水平平面内的最小光强	第25.1391条　前、后航行灯水平平面内的最小光强	是
34	第25.1393条　前、后航行灯任一垂直平面内的最小光强	第25.1393条　前、后航行灯任一垂直平面内的最小光强	是
35	第25.1395条　前、后航行灯的最大掺入光强	第25.1395条　前、后航行灯的最大掺入光强	是
36	第25.1397条　航行灯颜色规格	第25.1397条　航行灯颜色规格	是
37	第25.1399条　停泊灯	第25.1399条　停泊灯	是
38	第25.1401条　防撞灯系统	第25.1401条　防撞灯系统	否
39	第25.1403条　机翼探冰灯	第25.1403条　机翼探冰灯	否
40	第25.1411条　总则	第25.1411条　总则	是
41	第25.1415条　水上迫降设备	第25.1415条　水上迫降设备	是
42	第25.1419条　防冰	第25.1419条　防冰	否
43	第25.1420条　结冰条件		否
44	第25.1421条　扩音器	第25.1421条　扩音器	是
45	第25.1423条　乘客通报系统	第25.1423条　机内广播系统	是

序号	AⅡ-25-9	CCAR-25-R4	内容是否相同
46	第25.1431条　电子设备	第25.1431条　电子设备	否
47	第25.1433条　真空系统	第25.1433条　真空系统	是
48	第25.1435条　液压系统	第25.1435条　液压系统	否
49	第25.1438条　增压系统和气动系统	第25.1438条　增压系统和气动系统	否
50	第25.1439条　防护性呼吸设备	第25.1439条　防护性呼吸设备	否
51	第25.1441条　氧气设备和供氧	第25.1441条　氧气设备和供氧	是
52	第25.1441A条　飞机上的氧气量		否
53	第25.1443条　最小补氧流量	第25.1443条　最小补氧流量	是
54	第25.1445条　氧气分配系统设置的规定	第25.1445条　氧气分配系统设置的规定	是
55	第25.1447条　分氧装置设置的规定	第25.1447条　分氧装置设置的规定	否
56	第25.1449条　判断供氧的措施	第25.1449条　判断供氧的措施	是
57	第25.1450条　化学氧气发生器	第25.1450条　化学氧气发生器	是
58	第25.1453条　防止氧气设备破裂的规定	第25.1453条　防止氧气设备破裂的规定	是
59	第25.1455条　易冻液体的排放	第25.1455条　易冻液体的排放	是
60	第25.1457条　应急机载声音信息记录仪（机载记录仪）	第25.1457条　驾驶舱录音机	否
61	第25.1459条　应急机载参数信息记录器（飞行记录器）	第25.1459条　飞行记录器	否
62	第25.1461条　含高能转子的设备	第25.1461条　含高能转子的设备	是
	总条数：62	总条数：59	

从表7.1可以看出,在F分部《设备》中,АП－25－9共有62条,CCAR－25－R4有59条,其中内容相同的有37条,其余条款内容有差异,下面将对这些有差异的条款逐一进行对比分析。

7.2 F分部АП－25－9和CCAR－25－R4有差异条款的对比分析

第25.1301条 功能和安装

本条款中,АП－25－9的(a)、(b)点与CCAR－25－R4的(a)、(b)点内容完全对应,但АП－25－9又在其后增加了(a*)点,具体如下。

АП－25－9:

(a*)满足确认其适合在飞机上安装的要求。

本条款中,АП－25－9强调了满足确认其适合在飞机上安装的要求。

第25.1305条 动力装置仪表

本条款中,АП－25－9和CCAR－25－R4除(b)点以外完全相同,АП－25－9(b)为[备用],而CCAR－25－R4(b)有内容,具体如下。

АП－25－9:

(b)[备用]。

CCAR－25－R4:

(b)活塞发动机飞机。除本条(a)要求的动力装置仪表外,还需装有下列动力装置仪表:

(1)每台发动机一个汽化器空气温度表;

(2)每台气冷发动机一个气缸头温度表;

(3)每台发动机一个进气压力表;

(4)每台发动机一个燃油压力表(指示供油压力);

(5)无自动高度混合控制器的每台发动机,一个燃油流量表或一个油气混合比指示器;

(6)每台发动机一个转速表;

(7)属于下列任一情况的每台发动机,一个在飞行中向飞行机组指示功率输出变化的装置:

(i)装有由功率输出测量系统启动的螺旋桨自动顺桨系统;

(ii)发动机活塞总排气量等于或大于33 000毫升(2 000英寸^3)。

(8)每具可反桨的螺旋桨一个指示装置,在螺旋桨反桨时向驾驶员发出指示。

该条款的(b)是有关活塞发动机飞机的内容,如前所述,AΠ-25-9 删除了所有与此相关的内容。

第 25.1307 条　其他设备

本条款 AΠ-25-9 和 CCAR-25-R4 的内容基本相同,主要差别在于(d)、(e)两点,AΠ-25-9 中明确是"最少两套",而 CCAR-25-R4 中是"两套"。

第 25.1309 条　设备、系统及安装

本条款 AΠ-25-9 和 CCAR-25-R4 内容及表述有较大差别,具体如下。

AΠ-25-9:

除以下规定外,本节的要求除特定的设计要求外,还适用于飞机上安装的任何设备或系统。尽管本条不适用 B 分部对于稳定性、操纵性和飞行性能的要求,以及 C 分部和 D 分部的强度要求,但该条适用于依赖于满足这些要求中任何一项的任何功能系统。25.1309(b)的要求适用于 25.671(c)中定义的飞行控制系统故障状态。25.735(b)中考虑的制动系统的单一故障条件不包括在 25.1309(b)的要求中。涵盖在 25.810(a)(1)(v)和 25.812 各条的要求对于紧急疏散和应急照明装置的故障状态所造成的后果,25.1309(b)的要求不适用。

(a)飞机设备和系统应该这样设计和安装,使得:

(1)进行类型合格审定或操作程序所要求的,或其故障可能损害飞行安全的那些系统和设备,在飞机的预期运行条件下完成预定功能。

(2)其他系统和设备本身不应成为危险源,并且不应对本节(a)(1)点中指定的系统和设备的正常运行产生不利影响。

(b)飞机系统与有关部件的设计,在单独考虑以及与其他系统一同考虑的情况下,应设计成:

(1)任何灾难性的故障状态:

(i)是难以置信的;

(ii)并非由于单个故障而发生;和

(2)任何紧急(危险)故障情况都极不可能发生;和

(3)任何复杂(重大)的故障情况都不太可能发生。

(c)必须提供警告信息,向机组指出系统的不安全工作情况并能使机组采取适当的纠正动作。如果需要立即采取纠正措施,则应提供警报系统。系统、操纵机构和有关的监控与警告装置的设计必须尽量减少可能增加危险的机组失误。

(d)必须按照 25.1709 条的要求对 EWIS 进行评估。

CCAR-25-R4:

(a)凡航空器适航标准对其功能有要求的设备、系统及安装,其设计必须保证

在各种可预期的运行条件下能完成预定功能。

(b) 飞机系统与有关部件的设计,在单独考虑以及与其他系统一同考虑的情况下,必须符合下列规定:

(1) 发生任何妨碍飞机继续安全飞行与着陆的失效状态的概率为极不可能;

(2) 发生任何降低飞机能力或机组处理不利运行条件能力的其他失效状态的概率为不可能。

(c) 必须提供警告信息,向机组指出系统的不安全工作情况并能使机组采取适当的纠正动作。系统、控制器件和有关的监控与警告装置的设计必须尽量减少可能增加危险的机组失误。

(d) 必须通过分析,必要时通过适当的地面、飞行或模拟器试验,来表明符合本条(b)的规定。这种分析必须考虑下列情况:

(1) 可能的失效模式,包括外界原因造成的故障和损坏;

(2) 多重失效和失效未被检测出的概率;

(3) 在各个飞行阶段和各种运行条件下,对飞机和乘员造成的后果;

(4) 对机组的警告信号、所需的纠正动作,以及对故障的检测能力。

(e) 在表明电气系统和设备的设计与安装符合本条(a)和(b)的规定时,必须考虑临界的环境条件。中国民用航空规章规定具备的或要求使用的发电、配电和用电设备,在可预期的环境条件下能否连续安全使用,可由环境试验、设计分析或参考其他飞机已有的类似使用经验来表明,但适航当局认可的技术标准中含有环境试验程序的设备除外。

(f) 必须按照25.1709条的要求对电气线路互联系统(EWIS)进行评估。

对比 AΠ-25-9 和 CCAR-25-R4 在本条款的具体内容发现,AΠ-25-9 中的(a)(2)是比 CCAR-25-R4 多出的内容,强调了其他系统和设备本身不应成为危险源;AΠ-25-9 中(d)、(e)点已被撤销,而 CCAR-25-R4 中仍然保留了(d)、(e)点。

第25.1317条 高强辐射场(HIRF)防护

AΠ-25-9 的(a)、(b)、(c)点与 CCAR-25-R4 的(a)、(b)、(c)点完全对应,(d)(1)点差别很大,具体如下。

AΠ-25-9:

(d) 在2015年12月31日前,如果其功能故障后会妨碍继续安全飞行和着陆的电子或电气系统的设计和安装,在符合以下要求时可以不用满足(a)款的规定:

(1) 系统先前已经符合 HIRF 的专用条件。

CCAR-25-R4:

(d) 在2012年12月1日前,如果其功能故障后会妨碍继续安全飞行和着陆

的电子或电气系统的设计和安装,在符合以下要求时可以不用满足(a)款的规定:

(1) 系统先前已经符合 2011 年 12 月 7 日前颁发的 CCAR 21.16 规定的专用条件。

对比 AΠ－25－9 和 CCAR－25－R4 在本条款中具体内容发现,AΠ－25－9 与 CCAR－25－R4 的规定的时间不同。

第 25.1321 条　布局和可见度

本条款中,AΠ－25－9 和 CCAR－25－R4 的(a)、(c)、(d)、(e)点完全相同,只是(b)(3)有差别。

AΠ－25－9:

(b)(3) 指示垂直上升或下降速度的仪表必须直接装在(b)(1)所述仪表最右边。最有效地指示高度的仪表必须直接装在垂直速度表的下面。为了满足客户(运营商)的要求,允许修订 25.1321(b)(3)中指定的设备的相对位置。

CCAR－25－R4:

(b)(3) 最有效地指示高度的仪表必须直接装在本条(b)(1)所述仪表的右边。

对比上面的内容可以发现,本条款中本质的差别是 AΠ－25－9 对高度表的安装位置有要求。

第 25.1322 条　机组警报系统

本条款 AΠ－25－9 和 CCAR－25－R4 的名称不同,AΠ－25－9 中该条款的名称为机组警报系统,CCAR－25－R4 中该条款的名称为警告灯、戒备灯和提示灯,它不仅包含了 CCAR－25－R4 中内容,还多出以下内容。

AΠ－25－9:

机组警报系统应:

(1) 向机组提供必要的信息,以便:

(i) 识别飞机系统的异常运行条件或状态,以及

(ii) 必要时确定必要的行动。

(2) 在所有预期的操作条件下,包括触发多个信号时,机组人员可以快速、轻松地识别和访问。

(3) 当警报条件不再存在时关闭。

(b) 警报必须具有基于机组人员感知信息和必要行动的可用时间的优先级:

(1) 紧急警报。要求机组人员立即意识到并立即采取行动的情况。

(2) 戒备警报。要求机组人员立即意识并采取后续行动的情况。

(3) 资讯警报。要求机组人员意识并可能要求机组人员采取后续行动的

情况。

（c）紧急和戒备警报必须：

（1）必要时，在每个类别中进行优先构建。

（2）提供及时能吸引注意力的警报，这些警报至少用两种感知器——声音、视觉或触觉作用。

（3）每当触发本条（c）（2）点要求的强吸引力警报时，它们必须能够被识别和抑制，除非警报需要继续作用。

（d）警报系统的设计必须尽量减少误报的影响。特别是，它应该被设计成：

（1）防止发生不适当或不必要的警报。

（2）具有能关闭因警报功能失效而出现强吸引的警报的设备，该警报功能会影响机组人员安全驾驶飞机的能力。机组人员必须能够使用这些辅助设备，使其不会在无意中或由于习惯性反射动作而被打开。关闭信号时，必须有清晰无误的关于信号关闭的警报。

（e）视觉信号必须：

（1）对应以下规定的颜色：

（i）红色用于紧急警报；

（ii）琥珀色或黄色用于戒备警报；

（iii）红色或琥珀色/黄色以外的任何其他颜色用于资讯警报。

（2）如果它们在不能满足本段（e）（1）段中规定的可接受颜色的单色显示器上显示，结合仪表板上的其他警报功能元件使用视觉编码技术，以区分紧急、戒备和资讯警报。

（f）必须限制在仪表板上利用红色、琥珀色和黄色用于警报以外的用途，并且不得对机组警报设备产生不利影响。

AⅡ-25-9 中机组警报系统的要求更多，内容也更加全面，而 CCAR-25-R4 中完全没有相关内容。

第25.1324条 安装在机体外的飞行-导航仪表传感器

本条款 AⅡ-25-9 有内容，而 CCAR-25-R4 中无该条款。

AⅡ-25-9：

安装在飞机外表面的每个飞行和导航仪表传感器系统，包括但不限于总压和静压接收器、迎角和侧滑传感器、温度传感器，必须具有加热系统或等效装置以防止它们在表 7.2 规定的强降雨条件下、本规章附录 C 和 P 规定的结冰条件以及本规章附录 O 规定的下列结冰条件下发生故障：

（a）对于按照第 25.1420（a）（1）条要求合格审定的飞机，在结冰条件下，飞机获准在发现后安全退出结冰条件；

（b）对于按照第 25.1420（a）（2）条要求审定的飞机，在结冰条件下飞机经审定可安全运行，以及在结冰条件下飞机经审定可在发现后从结冰中安全退出；

（c）对于按照第 25.1420（a）（3）条要求审定的飞机，在所有结冰条件下。

表 7.2　降雨试验条件

高 度 范 围		水 量	长 度		中值液滴直径
ft	m	g/m³	km	nm	μm
0~10 000	0~3 000	1	100	50	500~2 000
		6	5	3	
		15	1	0.5	

本条款表明，AΠ‑25‑9 保留了安装在机体外的飞行‑导航仪表传感器防止结冰故障条件，而 CCAR‑25‑R4 没有考虑飞机此系统。

第 25.1337 条　动力装置仪表

本条款中，AΠ‑25‑9 和 CCAR‑25‑R4 的（a）~（e）点完全相同，但 CCAR‑25‑R4 有（f）点，AΠ‑25‑9 无该点，具体内容如下。

CCAR‑25‑R4：

（f）燃油压力指示器。在活塞发动机的每一供油系统中，必须具有测量任一燃油泵（燃油注油泵除外）下游燃油压力的装置。此外，还必须符合下列规定：

（1）如果为了保持正常供油压力而有必要，则应有连通管把汽化器空气入口的静压传递到相应的燃油泵安全阀接嘴上；

（2）如按本条（f）（1）要求装连通管，则仪表平衡管必须单独接通汽化器入口处的压力，以免使读数错误。

如前所述，AΠ‑25‑9 删除了所有与活塞发动机相关的内容。

第 25.1351 条　总则

本条款中，AΠ‑25‑9 共有（a）~（d）点和（a*）、（b*）点，而 CCAR‑25‑R4 中只有（a）~（d）点，其中差别比较大的有（a）（2）、（b）（1）、（c）、（d）以及（a*）、（b*）点，具体内容如下。

AΠ‑25‑9：

（a）电气系统容量对于所需的发电容量、电源数目和种类规定如下：

（2）必须满足第 25.1309 条的要求。

飞机上的所有电能接收器(用电器)根据其用途分为三类:

第一类接收器(用电器),其工作是保证安全飞行和着陆所必需的;

第二类的接收器(用电器),其工作是保证给定飞行任务下安全持续计划的飞行和着陆;

第三类接收器(用电器),其断电不影响保证完成从起飞的安全飞行和着陆。

第一类和第二类电力的接收者(用电器)是"重要的"电力接收器(用电器)。

(b) 发电系统。发电系统包括电源、主电源汇流线、传输电缆以及有关的控制、调节和保护装置。发电系统的设计必须符合下列规定:

(1) 电源在单独工作或并联运行时功能正常;

每个一级供电系统的通道以及相关联的二级系统的通道的独立(自主)操作不应取决于电源系统的其他源或通道的操作。

(c) 外部电源。如果备有设施将外部电源接到飞机上,且该外部电源能与除用于发动机起动之外的其他设备相连接,则必须有措施确保反极性或逆相序的外部电源不能向该飞机的电气系统供电。还必须提供措施,以确保在相线和中性线反转,地面电源馈线断裂以及不可接受的频率偏差或过压期间不能为电源系统供电。

(d) 无正常电源时的飞行。除非证明发电系统的功能故障几乎不可能,否则必须满足以下要求:

(1) 为了为接收器提供完成飞行和安全着陆所需的电力,必须安装独立于正常发电系统的应急(替代)电源,并在所需时间内提供电力。

(2) 应急电源供电的接收器的数量应包括:

(i) 电能接收器,其操作是确保安全所必需的,并且在正常发电系统发生故障后必须在没有机组干预的情况下继续运行;

(ii) 继续进行受控飞行所需的接收器;

(iii) 下降、进近和着陆所需的接收器。

(3) 应该证明:

(i) 可能会导致无法正常供电以及过渡到应急(备用)电源的故障是极不可能发生的事件;

(ii) 可能导致失去正常和应急(替代)供电状态的电源故障,包括配电装置、控制面板或线束的点火,应该是令人难以置信的事件。

(a*) 在应急着陆(着水)后,如果没有自己的自主电源,则供电系统应该为那些在着陆(着水)后应该工作的接收器供电。

(b*) 如果飞行中开启辅助动力装置,供电量超出了为紧急操作而设定的限制,则在辅助动力装置启动期间,必须为辅助动力装置的启动系统和来自单独运行电源的第一类电力接收器提供电源。

CCAR-25-R4：

（a）电气系统容量。对于所需的发电容量、电源数目和种类规定如下：

（2）必须满足第25.1309条的要求。

（b）发电系统。发电系统包括电源、主电源汇流条、传输电缆以及有关的控制、调节和保护装置。发电系统的设计必须符合下列规定：

（1）电源在单独工作或并联运行时功能正常；

（c）外部电源。如果备有设施将外部电源接到飞机上，且该外部电源能与除用于发动机起动之外的其他设备相连接，则必须有措施确保反极性或逆相序的外部电源不能向该飞机的电气系统供电。

（d）无正常电源时的运行必须通过分析、试验或两者兼用来表明，当正常电源（除蓄电池之外的电源）不工作、燃油（从熄火和重新起动能力考虑）为临界状态，且飞机最初处于最大审定高度的情况下，飞机能按目视飞行规则安全飞行至少五分钟。电气系统中满足下列条件的部分才可以保持接通：

（1）包括导线束或接线盒起火在内的单个故障不会导致丧失断开部分和接通部分；

（2）接通部分在电气上和机械上与断开部分隔离。

（3）[删除]。

对比本条款AΠ-25-9与CCAR-25-R4的内容，可以看出：

（1）AΠ-25-9(a)(2)点多出了三类用电器的定义；

（2）AΠ-25-9(b)(1)点强调了一级供电系统的通道以及相关联的二级系统的通道的独立性；

（3）AΠ-25-9的(c)点比CCAR-25-R4(c)多考虑了一种不能为电源系统供电的情况；

（4）AΠ-25-9的(d)点对无正常电源时飞行的要求更多、更全、更高；

（5）AΠ-25-9的(a*)点增加了在应急着陆（着水）后的供电要求；

（6）AΠ-25-9的(b*)点增加了飞行中开启辅助动力装置时的供电要求。

第25.1353条　电气设备及安装

本条款中，AΠ-25-9与CCAR-25-R4只有(a)点的表述有差异。

AΠ-25-9：

（a）电气设备和控制装置的安装，必须使任何一个部件或部件系统的工作不会对同时工作的、对飞机安全运行起主要作用的其他系统和部件产生不利影响。任何由电气设备操作引起的电磁干扰，除非是极不可能发生的事件，否则不应对飞机及其系统产生危险影响。任何电力接收器发生失效或故障不应导致第一类和第二类其他接收器断电。

CCAR－25－R4：

（a）电气设备和控制装置的安装，必须使任何一个部件或部件系统的工作不会对同时工作的、对安全运行起主要作用的其他系统和部件产生不利影响。飞机上任何可能产生的电气干扰不得对飞机或其系统产生危险的影响。

本条款中АП－25－9比CCAR－25－R4增加的内容为：任何电力接收器发生失效或故障不应导致第一类和第二类其他接收器断电。

第25.1357条 电路保护装置

本条款中，АП－25－9中有（a）～（f）点，而CCAR－25－R4有（a）～（g）点，其中的（b）、（c）、（d）点内容都相同，不同内容如下。

АП－25－9：

（a）必须采用线路保护装置，在线路发生故障或在系统或所连接的设备发生严重失灵时，最大限度地减小对电气系统的损坏和对飞机的危害。如果配电系统中所有与开关柜的母线相连的电线都应该自动保护或熔断器保护，防止可能发生的短路和不可接受的过载。允许在配线装置内部不超过一米长的电线中不安装保护装置，只要它们不穿过交换器、电器连接或其他安装元件的触点。

（e）每一重要接收器的电路（第一和第二类）必须具有单独的保护。但如果接收器在功能上是相关系统元件时（比如机载航行灯的每个灯的电路），不要求在这种接收器系统中的每一电路都有单独的保护。功能相关元件是指其失效会导致整个系统功能的终止（破坏）的元件。

（f）在使用熔断器的地方，必须有备用熔断器供飞行中使用，其数量至少应为保护整个电路所需的每种额定熔断器数量的50%。

CCAR－25－R4：

（a）必须采用自动保护装置，在线路发生故障或在系统或所连接的设备发生严重失灵时，最大限度地减小对电气系统的损坏和对飞机的危害。

（e）每一重要负载电路必须具有单独的电路保护。但不要求重要负载系统中的每一电路（如系统中的每个航行灯电路）都有单独的保护。

（f）对于正常工作中有必要进行断电或电源复位的飞机系统，该系统必须设计为：其断路器不得作为断电或电源复位的主要手段，除非将断路器特别设计作为开关使用。

（g）如果对于接至某设备的电缆已有电路保护，则可采用自动复位断路器（如热断路器）作为该电气设备自身装有的保护器。

对比以上АП－25－9和CCAR－25－R4的内容，可以看出：

（1）АП－25－9的（a）点比CCAR－25－R4的（a）点多出了有关自动保护或熔断的内容；

（2）AΠ－25－9 的（e）点比 CCAR－25－R4 的（e）点解释更详细；

（3）AΠ－25－9 的（f）点强调了有备用熔断器供飞行中使用，而 CCAR－25－R4 的（f）点强调了断电或电源复位的飞机系统中其断路器不得作为断电或电源复位的主要手段；

（4）AΠ－25－9 中没有 CCAR－25－R4 中（g）点的要求。

第 25.1383 条　着陆灯

本条款中，AΠ－25－9 和 CCAR－25－R4 的（a）～（c）点内容完全相同，但 AΠ－25－9 又在其后增加了（a*）点，具体内容如下。

AΠ－25－9：

（a*）着陆（着陆-滑行）大灯的数量必须至少为两个。滑行灯的数量不做规定。

可以看出，AΠ－25－9 规定了着陆大灯的数量必须至少为两个。

第 25.1401 条　防撞灯系统

本条款中，AΠ－25－9 和 CCAR－25－R4 的（a）～（b）点完全相同，但 AΠ－25－9 又在其后增加了（a*）点，具体内容如下。

AΠ－25－9：

（a*）如果使用降级的操作模式，则有效光强值应至少为 40 坎德拉。如果在飞行中采用降级操作模式的避撞灯，则应提供该模式的警报。

CCAR－25－R4 没有对该操作模式的要求。

第 25.1403 条　机翼探冰灯

本条款 AΠ－25－9 和 CCAR－25－R4 的表述有差别。

AΠ－25－9：

如果在夜间飞行中使用了照亮飞机部件上的结冰装置，它们不应产生会妨碍机组成员执行任务的眩光或反光。

CCAR－25－R4：

除非使用限制规定在已知或预报有结冰条件下禁止作夜间飞行，否则必须有措施来照亮或以其他方式确定机翼临界部位（从积冰观点考虑）的冰聚积情况。所采用的照明方式必须不会产生妨碍机组成员执行其任务的眩光或反光。

可以看出：本条款两者的主要区别在于 CCAR－25－R4 加了"除非使用限制规定在已知或预报有结冰条件下禁止作夜间飞行"的条件。

第 25.1419 条　防冰

本条款中，AΠ－25－9 有（a）～（h）点，而 CCAR－25－R4 只有（a）～（d）点，其

中(a)、(c)、(d)点完全相同,其不同内容如下。

АП－25－9:

(b) 为了验证防冰分析结果,检验各种结冰异常情况,演示防冰系统及其部件的有效性,必须对飞机或其部件在各种运行形态和经测定的自然大气结冰条件下进行飞行试验,而且在必要时,还应采用下列一种或几种方法进行验证:

(1) 对单元或单元模型进行实验室干燥空气试验或模拟结冰试验,或两者的组合。

(1*) 用带模拟冰的飞机或其部件的模型在风洞中进行试验。

(2) 对整个防冰系统或其单元在"干燥"空气中进行飞行试验。

(3) 在可控人工结冰条件下对飞机或飞机部件进行飞行试验。

(2*) 对带模拟冰的飞机进行飞行试验。

(e) 应该提供以下方法之一来确定是否存在结冰并打开飞机防冰系统:

(1) 使用主系统来确定是否存在结冰,该系统会自动打开防冰系统,或者警告机组人员需要打开防冰系统;

(2) 确定特定的飞机结构元件,其上可目视检测最初积冰的迹象,并安装有辅助系统以确定是否存在结冰,并警告机组人员需要打开防冰系统;

(3) 确定由空气静温或总温以及观察到的湿度确定的有助于飞机结构结冰的条件,机组必须在此条件下打开飞机防冰系统。

(f) 如果申请人没有证明仅在某些飞行阶段必须打开飞机的防冰系统,则本段(e)的要求应适用于所有飞行阶段。

(g) 在一开始打开防冰系统后:

(1) 防冰系统就应该保持不间断工作,或

(2) 飞机必须配备自动循环运行的防冰系统,或

(3) 每次需要打开防冰系统时,结冰检测系统都应向机组人员发出警告。

(h) 应规定防冰系统的使用,打开和关闭程序,并包括在飞行手册中。

CCAR－25－R4:

(b) 为了验证防冰分析结果,检验各种结冰异常情况,演示防冰系统及其部件的有效性,必须对飞机或其部件在各种运行形态和经测定的自然大气结冰条件下进行飞行试验,而且在必要时,还应采用下列一种或几种方法进行验证:

(1) 对部件或部件的模型进行实验室干燥空气试验或模拟结冰试验,或两者的组合;

(2) 对整个防冰系统或单独对系统部件在干燥空气中进行飞行试验;

(3) 对飞机或飞机部件在测定的模拟结冰条件下进行飞行试验。

对比以上有差别的内容,可以发现:

(1) АП－25－9(b)点比 CCAR－25－R4(b)点多出了(1*)用带模拟冰的飞

机或其部件的模型在风洞中进行试验,和(2*)对带模拟冰的飞机进行飞行试验,强调了必须进行风洞试验和飞行试验;

(2)AΠ-25-9(e)规定必须提供方法确定是否存在结冰并打开飞机防冰系统;

(3)AΠ-25-9(f)规定了如果申请人没有证明仅在某些飞行阶段必须打开飞机的防冰系统的要求;

(4)AΠ-25-9(g)规定了一开始打开防冰系统后防冰系统的状态和要求;

(5)AΠ-25-9(h)强调要规定防冰系统的使用、打开和关闭程序,并应包括在飞行手册中。

第25.1420条 结冰条件(过冷大滴)

本条款AΠ-25-9有内容,而CCAR-25-R4无此条款。

AΠ-25-9:

(a)如果要求对飞机在结冰条件下运行进行审定,除了第25.1419条的要求外,飞机还必须能够按照本节的(a)(1)、(a)(2)或(a)(3)的要求运行。

(1)在不经意间暴露于本规章附录O规定的结冰条件后操作是安全的:

(i)飞机必须具有探测进入本规章附录O规定的结冰条件的装置;和

(ii)在检测到本规则附录O中定义的结冰条件后,飞机必须能够在从任何结冰条件飞出的过程中安全飞行。

(2)在本规则附录O定义的申请人选择的结冰条件区域内运行是安全的。

(i)航空器必须具备检测进入本条例附录O所定义的申请人选择的结冰条件区域之外的结冰条件;和

(ii)在检测到这种结冰情况后,飞机必须能够在从任何结冰情况中飞出时安全飞行。

(3)在本规章附录O规定的结冰条件下运行是安全的。

(b)为了证明飞机可以按照本条(a)点安全运行,申请人必须通过分析证明飞机的各个部件已充分除冰,同时考虑到飞机的各种运行形态。应使用以下一种或多种方法来确认分析:

(1)在"干燥"空气或人工结冰条件下或两者结合的条件下对部件或部件模型进行实验室测试。

(2)飞机模型在干燥空气或人工结冰条件下或两者结合的实验室测试。

(3)确定为验证分析所必需的受控人工结冰条件下的飞机或其部件的飞行试验。

(4)用冰模拟器进行飞机飞行试验。

(5)确定为验证分析所必需的受控自然结冰条件下的飞机飞行试验。

（c）对于根据本条（a）（2）或（a）（3）点审定的飞机，为在飞机审定的本规章附录 O 中规定的结冰条件下运行，必须满足第 25.1419（e）、（f）、（g）和（h）条的要求。

（d）作为第 25.1420（b）条要求的替代方案，为确定飞机可以按照第 25.1420（a）条的要求安全运行，以及作为第 25.1420（c）条对检测结冰条件和激活机体防冰系统方法要求的替代方案，可以使用基于操作模拟飞机经验的比较分析。在这种情况下，不需要测试。

该条款给出了 AΠ－25－9 给出飞机结冰条件下运行的要求和结冰的试验要求。

第 25.1431 条　电子设备

本条款中，AΠ－25－9 与 CCAR－25－R4 只有（a）点有差异。

AΠ－25－9：

（a）在表明无线电和电子设备及其安装符合第 25.1309（a）和（b）条的要求时，必须考虑临界环境条件。

当确定与 25.1309（a）的符合性要求时，有必要证明该设备在暴露于飞机上该设备位置所特有的外部因素的情况下仍能正常工作。在确定与 25.1309（b）的符合性要求时，有必要考虑各种无线电和电子设备的故障状态的可能组合，与每个系统的单独故障状态引起的情况相比，这可能导致整个飞机的情况恶化。

CCAR－25－R4：

（a）在表明无线电和电子设备及其安装符合第 25.1309（a）和（b）条的要求时，必须考虑临界环境条件。

可以看出：本条款 AΠ－25－9（a）点中对于与 25.1309（a）的符合性要求、与 25.1309（b）的符合性要求的证明规定了相应条件。

第 25.1435 条　液压系统

本条款中，AΠ－25－9 和 CCAR－25－R4 各有（a）～（c）点，但各点具体内容相差较大。

AΠ－25－9：

（a）设计。

（1）液压系统的每个元件，必须设计成能承受设计工作压力和结构最大使用载荷的组合而不产生妨碍其预定功能的变形。

（2）液压系统的每个元件能无损坏地承受 1.5 倍的设计工作压力与不太可能同时作用的结构限制载荷的组合载荷。

设计工作压力是正常运行期间的最大压力，除过渡过程以外。

（b）试验。

（1）装配好的液压系统必须经过静压测试，以确认其能承受超过设计工作压力的 1.5 倍的压力,且系统的任何部分不会产生影响系统功能的变形。结构构件和液压系统构件之间必须有足够间隙,并且不得有有害的永久变形。在进行这些试验时,可以关闭安全阀以产生所需的压力。

(2) 液压系统与 25.1309 要求的符合性,应通过功能、寿命试验和分析来验证。为确定性能符合性以及与其他飞机系统的符合性,整个系统或相应的子系统必须在飞机或试验台上进行试验。疲劳试验应模拟正常使用中可能的重复飞行周期。试验中失效的系统元件应进一步改进和完善,排除设计缺陷,并在必要时再次进行足够量的试验。液压系统元件和相应部分的工作条件及外部负载的仿真应该足以评估外部因素的影响。在评估是否符合第 25.1309 条的要求时,必须考虑以下几点:

(i) 在飞行中和在地面上作用的静态和动态载荷,来自工质、飞行员的载荷、惯性和温度以及它们的组合;

(ii) 系统元件的位移、振动、过渡过程中工质的振动和压力以及疲劳;

(iii) 磨损、腐蚀和侵蚀;

(iv) 流体和材料的相容性;

(v) 泄漏和磨损。

(c) 防火。每个使用易燃工质的液压系统必须满足适用于第 25.863、25.1183、25.1185 和 25.1189 条的要求。

CCAR - 25 - R4:

(a) 元件设计。液压系统的每个元件,必须设计成:

(1) 能承受测试压力而不产生妨碍其预定功能的永久变形,而且能承受极限压力而不断裂。测试压力和极限压力由设计使用压力(DOP)定义,如表 7.3 所示。

表 7.3　测试压力和极限压力

元　　件	测试(×DOP)	极限(×DOP)
1. 管道和接头	1.5	3.0
2. 盛装气体的压力容器: 高压(例如,蓄压器),低压(例如,储压器)	3.0 1.5	4.0 3.0
3. 软管	2.0	4.0
4. 所有其他元件	1.5	2.0

(2) 能承受设计使用压力和作用于其上的结构限制载荷而不产生妨碍其预定

功能的变形。

（3）能无损坏地承受 1.5 倍的设计工作压力与合理地可能同时产生的结构极限载荷的组合载荷。

（4）能承担包括瞬态的和相关外部诱导载荷的所有循环压力的疲劳效应，同时需考虑元件失效的后果。

（5）能够在飞机预定的所有环境条件下工作。

（b）系统设计。每一个液压系统必须：

（1）在以下情况下，具有位于机组成员工作位置的说明系统的合适参数的措施：

（i）执行为持续安全飞行和着陆的必要功能；或者

（ii）在液压系统失效的情况下，机组必须为保证持续安全飞行和着陆采取必要的纠正措施；

（2）具有确保系统压力在每个元件的设计容量之内的措施，满足第 25.1435 条（a）（1）到（a）（5）的要求。系统压力包括瞬时压力和由于元件内流体体积变化造成的压力，该元件能够在变化发生时保持密闭足够长的时间；

（3）具有措施确保在飞行中尽可能少地释放有害或危险浓度的液压液体或蒸气进入到驾驶舱和客舱；

（4）如果使用了可燃性的液压流体，需要达到第 25.863 条、第 25.1183 条、第 25.1185 条和第 25.1189 条的应用要求；

（5）设计中使用飞机制造商指定的液压流体，该流体必须具有满足第 25.1541 条要求的合适的标牌加以识别。

（c）试验。必须进行液压系统和（或）子系统及元件的试验，除非进行可靠和适当的分析能够替代或完善试验。所有内部和外部因素都应被考虑并评估其影响，确保可靠的系统和元件的功能和完整性。元件或系统的失效或不可接受的缺陷都必须纠正，必要时要进行充分的重新试验。

（1）系统、子系统或元件必须满足代表地面和飞行使用中的性能、疲劳和耐久性的试验。

（2）完整系统必须进行包括在相关失效条件下模拟在内的试验以确定其合适的性能和与其他系统的关系，并证明或验证元件的设计。

（3）完整液压系统必须在飞机正常的所有相关用户系统运行的操作状态下进行功能试验。试验必须在系统释压状态下或在系统压力释放装置不是系统一部分的情况下在 1.25DOP 状态下实施。液压系统和其他系统或结构元件之间的间隙必须充分且对系统或元件没有不利影响。

对比本条款中 AΠ-25-9 和 CCAR-25-R4 的具体内容，可以看出以下差别：

（1）在有关液压系统的设计部分,AⅡ－25－9 只有(a)点"设计",没有区分元件设计和系统设计,而 CCAR－25－R4 中明确指出包括(a)点"元件设计"和(b)点"系统设计";

（2）CCAR－25－R4 的"元件设计"部分,对不同元件能承受的测试压力和极限压力给出了具体的不同数值,而 AⅡ－25－9 没有区分元件,只要求都能承受 1.5 倍的设计工作压力和不太可能同时作用的结构限制载荷的组合载荷,在这点上,CCAR－25－R4 的要求更具体、更高,但设计的结构也会更重;

（3）CCAR－25－R4 中的"系统设计"部分,规定了位于机组成员工作位置的说明系统、具有确保系统压力在每个元件的设计容量之内的措施、确保在飞行中尽可能少地释放有害或危险浓度的液压液体或蒸气进入的措施、对可燃性液压流体的要求等,AⅡ－25－9 中无此部分;

（4）在试验部分,AⅡ－25－9 明确规定了静压测试的载荷大小;强调了整个系统或相应的子系统必须在飞机或试验台上进行试验;给出了评估是否符合第 25.1309 条的要求时必须考虑的问题,相对来讲,CCAR－25－R4 在这部分要求不够具体;

（5）AⅡ－25－9 对液压系统防火提出了要求,而 CCAR－25－R4 无此要求。

第 25.1438 条　增压系统和气动系统

本条款中,CCAR－25－R4 和 AⅡ－25－9 有完全相同的(a)、(b)、(c)点,但 AⅡ－25－9 又在其后增加了(a*)和(b*)点,具体内容如下。

AⅡ－25－9:

(a*) 增压系统和气动系统不得在飞机上引起爆炸。

(b*) 空调系统的管道和附件布置应确保当它们破坏时,作用在结构元件和飞机其他系统上超过 200℃ 温度的热气不会导致比飞行复杂更坏的情况。

可以看出,AⅡ－25－9 增加的(a*)点强调了增压系统和气动系统不得在飞机上引起爆炸,而(b*)点规定了空调系统的管道和附件布置应确保当它们破坏时导致的后果限制。

第 25.1439 条　防护性呼吸设备

本条款中,CCAR－25－R4 只有(a)、(b)两点,AⅡ－25－9 除了(a)、(b)两点,又在其后增加了(a*)、(b*)点,在(a)、(b)两点中,只有(b)(3)有区别,具体内容如下。

AⅡ－25－9:

(b)(3) 包括便携设备的设备在使用过程中,必须能够与其他机组成员通信。飞行机组必须能在其指定位置上使用无线电设备;设备在使用过程中应允许一个机组人员从每个乘客舱中至少一个乘务员位置上使用飞机对讲机。

（a*）为了在失压舱或烟熏室中移动，必须提供具有至少 300 L（压力 760 mmHg①，温度 21.0℃）的氧气源的肺型便携式氧气设备（单元）。该设备必须配备防烟罩，该防烟罩要覆盖其整个面部并放置在驾驶舱中。

（b*）消防人员应根据以下位置立即使用带有便携式设备的呼吸防护装置：

（1）用于 A、B、E 类货舱，一个单元一个，机组人员在飞行期间能达到；

（2）当厨房位于上层或下层舱板上的整个舱室空间时，在每个位于上层或下层舱板的餐室场所放置一个手持式灭火器；

（3）每个乘客舱内有一个，与每个手持灭火器的距离不超过 0.9 m。允许将距离增加超过 0.9 m，如果确保等效的安全级别。在这种情况下，可以根据 25.1447 (c)(4)考虑氧气设备。

CCAR - 25 - R4：

（b）(3) 包括便携设备的设备在使用过程中必须能够与其他机组成员通信。飞行机组必须能在其指定位置上使用无线电设备。

对本条不同之处进行对比分析，可以看出：

（1）AΠ - 25 - 9(a)(3)与 CCAR - 25 - R4(a)(3)的不同之处在于强调了一个机组人员从每个乘客舱中至少一个乘务员位置上能使用飞机对讲机；

（2）AΠ - 25 - 9(a*)点规定了必须提供具有至少 300 L（压力 760 mmHg，温度 21.0℃）的氧气源的肺型便携式氧气设备（单元），并对防烟罩及其大小作了要求；

（3）AΠ - 25 - 9(b*)点规定了带有便携式设备的呼吸防护装置的布放要求。

第 25.1441A 条　飞机上的氧气量

这是 AΠ - 25 - 9 增加的一个条款，CCAR - 25 - R4 中无此条款。具体内容如下。

AΠ - 25 - 9：

（a）非增压舱飞机。对于具有非增压舱的飞机，是基于驾驶舱内的气压高度等于飞行高度来确定氧气量和氧气设备的特性。

（b）增压舱飞机。对于带有增压舱的飞机，氧气量和氧气设备的特性是根据以下假设确定的：如果机舱失压发生在从供氧角度看最极限的高度或飞行点上，机舱失压后，飞机将在不超过其工作极限的情况下下降至安全高度，并考虑到剩余燃油，按照飞行手册继续在允许其到达安全着陆点的高度飞行。在机舱失压后，认为驾驶舱内的气压高度等于飞行高度，除非证明实际上不可能的故障不会导致驾驶舱内的高度与飞行高度一致。在这种情况下所达到的最大机舱高度可以用作认

---

① 1 mmHg ≈ 0.133 kPa。

证和确定氧气储备的依据,它不得少于本条(d)和(g)款中规定的储备量。

(c) 非增压舱飞机,高度在 3 000 m 到 3 600 m 时,必须在指定高度持续 30 分钟以上的飞行期间,按照飞机手册向执行飞行的所有机组人员提供氧气。

(1) 非增压舱飞机,高度超过 3 600 m(但不超过 6 000 m)时,必须在该高度整个飞行期间,按照飞机手册向执行飞行的所有机组人员提供氧气。

(d) 增压舱飞机,高度超过 3 000 m,如果机舱失压,则必须按照本条(b)和(c)的规定进行不少于 2 小时飞行时间供氧。这时可以考虑 25.1439 和本条(e)要求的氧气储备。

(e) 当持续飞行超过 4 小时,为减轻机组人员疲劳,无论是增压还是非增压舱的飞机,必须有氧气储备以备供氧。氧气储备是这样计算确定的,每飞行 2 个小时和平均肺通量下降之前要供给纯氧或混合物 10 分钟。飞行手册中要规定使用备氧的程序。

(f) 非增压舱飞机,高度在 3 000 m 到 4 200 m(含),在指定高度持续 30 分钟以上的飞行期间,必须为 10%乘客以及所有乘务人员供氧。

(1) 非增压舱飞机,高度在 4 200 m 到 4 500 m 时,在指定高度整个飞行期间,必须为 30%乘客以及所有乘务人员供氧。

(2) 非增压舱飞机,高度超过 4 500 m(但不超过 6 000 m)时,在指定高度整个飞行期间,必须为所有乘客以及所有乘务人员供氧。

(g) 当在 3 000 m 以上使用带有增压舱的飞机时,必须为位于客舱的人员提供以下氧气供应:

(1) 如果飞机在最高 7 600 m(含)以下的高度运行,并且可以在 4 分钟内沿航线的任何一点安全下降至 4 200 m 或以下的高度,至少应为 10%客舱内总人数在 30 分钟内供氧。

(2) 如果飞机在不超过 7 600 m 的高度上运行,并且不能在 4 分钟内安全下降到 4 200 m,或者如果飞机在 7 600 m 以上的高度上运行,机舱失压后,舱内压力对应于 3 000 至 4 200 m(含)高度,则应在整个飞行过程中为至少 10%位于客舱的人员供氧;机舱高度在 4 200 m 到 4 500 m 时,在整个飞行过程中,至少对 30%位于客舱的人员供氧;当高度超过 4 500 m,在失压后的持续飞行期间,除了必须为所有位于客舱的人员至少提供 10 分钟的氧气储备外,必须为客舱中的所有人供氧。在这种情况下,可以考虑根据 25.1439(b*)和 25.1447(c)(4)要求的氧气储备。

(h) 增压舱飞机,如果将其失压到 7 600 m 以上的高度,则必须对 2%的乘客提供治疗性供氧(急救),当机舱失压到 2 400 m 以上高度进行持续飞行期间,为不得少于一名乘客提供治疗性供氧。必须至少从两点供氧。还要考虑到保护乘务员免受烟雾影响所需的储备氧气[见 25.1439(b*)]。

该条款中 AΠ-25-9 规定了非增压舱飞机和增压舱飞机的氧气量和氧气设

备的设定依据,并分别针对非增压舱飞机和增压舱飞机,根据不同的飞行高度、时间、失压状态等,详细规定了供氧对象、供氧量、供氧时间和供氧方式等。

第 25.1447 条　分氧装置设置的规定

本条款中,AΠ-25-9 和 CCAR-25-R4 的(a)、(b)、(c)点完全相同,但 AΠ-25-9 又在其后增加了(a*)、(b*)、(c*)点,具体内容如下。

AΠ-25-9:

(a*)氧气设备的设计及其在飞机上的放置应确保控制和监管机构在飞行中易于使用,并在维护期间氧气设备部件可达。

(b*)对于配备了固定氧气应急系统的飞机,必须提供演示口罩及其位置。

飞行手册应包含有关指示的信息,以指导乘客使用氧气面罩。

(c*)所有氧气面罩必须易于清洁和消毒。

可以看出:AΠ-25-9 增加的(a*)点要求氧气设备方便使用和可达;(b*)点要求提供演示口罩及其位置,并要求在飞行手册中包含有关指示;(c*)点要求氧气面罩必须易于清洁和消毒。

第 25.1457 条　应急机载声音信息记录仪(机载记录仪)

本条款中,AΠ-25-9 和 CCAR-25-R4 的(a)~(g)点内容基本相同,不同之处在于 AΠ-25-9 的(a)点有(1)~(5)小点,CCAR-25-R4 的(a)点有(1)~(6)小点;在(g)(3)点之后 AΠ-25-9 又增加了(g)(3)(a*)~(f*),具体如下。

AΠ-25-9:

(g)(3)当飞越水域时,驾驶舱语音记录器必须有一个有助于在水下检测它的装置,安装在容器上或旁边,使其在飞行过程中受到撞击时与容器分离的可能性最小。

(a*)[备用]。

(b*)在特殊的地面设备上播放时,AIE 使用的通道的语音再现质量至少为95%。

(c*)在飞行中应排除机载录音机关机。

(d*)机载录音机在正常运行期间不得破坏飞机的受控系统和设备的工作能力,并且如果这些机载设备在通信线路中发生故障,则不会导致比飞行条件复杂化更糟的情况。

(e*)机载记录器积累的信息必须至少保存最近 2 个小时的操作时间。

(f*)应确保在飞机事故不利因素影响下保存信息。

CCAR-25-R4:

(a)(6)如果安装了数据链通信设备,那么所有数据链通信,应使用经批准的数据信息集。数据链信息必须作为通信设备的输出信号被记录,该通信设备可将信号转换为可用数据。

对比以上内容可以看出:

(1) АП‐25‐9 增加的(b*)点规定了录音机在地面设备的再现质量;

(2) АП‐25‐9 增加的(c*)点要求飞行中应排除机载录音机关机;

(3) АП‐25‐9 增加的(d*)点要求机载录音机不得破坏其他相关设备的工作能力,以及机载设备故障导致的后果限制;

(4) АП‐25‐9 增加的(e*)点规定了机载记录器累积的最少记录时间;

(5) АП‐25‐9 增加的(f*)点规定了机载记录器在飞机事故不利因素影响下保存信息。

第 25.1459 条　应急机载参数信息记录器

本条款中 CCAR‐25‐R4 和 АП‐25‐9 都有(a)~(e)点,其中(a)点中(1)~(4)基本相同,(a)(5)有差别,АП‐25‐9 在(a)(6)之后增加了(1*),(b)~(e)基本相同,但 АП‐25‐9 在(e)点之后又增加了(a*)~(c*)点,具体如下。

АП‐25‐9:

(a)(5) 确保积累和保存至少在工作的最后 25 个小时内的信息。

(1*) 在整个飞行过程中,信息都要被记录。在起飞前必须在第一个发动机启动前开启记录器,关闭记录器要在飞行结束后关闭所有发动机之后。禁止从机组人员的工位上关闭飞行记录器。

(a)(6) 应备有记录下述信息的手段,能够由该信息来确定同空中交通管制中心进行每一次无线电联络的时间。

(1*) 在整个飞行时间内提供信息登记。起飞前开启记录仪时必须确保是在启动第一台发动机之前,并在飞行结束时关闭——不早于关闭所有发动机。不应在机组成员的工作场所关闭飞行中的记录仪。

(a*) 机载记录器应记录以下参数:

(1) 服务参数(时间、飞机号、飞行日期);

(2) 表征飞机运动的参数;

(3) 表征控件机构位置的参数;

(4) 表征动力装置状态的参数;

(5) 表征飞机系统状态的参数。

(b*) 必须确保在飞机事故的不利影响下保存信息。

(c*) 飞机操作文件中必须包括记录参数清单。

CCAR‐25‐R4:

(a)(5) 除了由发动机驱动的发电机系统单独供电的记录器外,应备有自动装

置,在撞损冲击后10分钟内,能使具有数据抹除装置的记录器停止工作并停止各抹除装置的功能;

(a)(6) 应备有记录下述信息的手段,能够由该信息来确定同空中交通管制中心进行每一次无线电联络的时间。

对比以上内容可以看出:

(1) АП‐25‐9(a)(5)规定累积和保存信息的最少时长,而 CCAR‐25‐R4 的(a)(5)要求备有使抹除装置停止工作的功能;

(2) АП‐25‐9(a^*)点增加了记录器记载参数种类的要求;

(3) АП‐25‐9(b^*)点增加了确保在飞机事故的不利影响下保存信息的要求;

(4) АП‐25‐9(c^*)点增加了飞机操作文件中必须包括记录参数清单。

第 8 章

AΠ‑25‑9 F 分部附则

本附则是 AΠ‑25‑9 对 F 分部的补充部分,CCAR‑25‑R4 中无此部分内容。具体内容如下。

8.1 定义、总则和要求

8.1.1 定义

(1)本附则中所述的机载设备——安装在飞机上的技术设备的总称,用于确定飞机的位置,提供导航和空中交通管制(air traffic control, ATC),提供内部和外部无线电通信,提供电力,解决照明问题以及监控动力装置的工作。

本附则 8.1.2(5)的要求适用于安装在飞机上的功能系统的所有电气/电子组件。

本附则 8.5 节和 8.7 节的要求分别适用于安装在飞机驾驶舱中的所有功能系统的模块的布置,以及安装在飞机驾驶舱中的所有功能系统的模块中的信号。

(2)设备类型——具有用途、工作原理或工作流程的一般说明的设备。

(3)综合系统——用于协同执行通用功能的一组任务的信息系统,计算机编程工具,显示系统,警报和控制系统。

(4)系统——执行给定任务的一组相互连接的航空技术产品集合。

(5)测量(控制)通道——在一个或多个系统或综合系统中顺序连接元件的链路,可以完成一个参数(多个参数)的感知、测量和显示(控制)任务。

(6)仪表——具有独立使用功能并能测量和显示单个参数(多个参数)的设备。

(7)显示器——能反映参数量值信息的设备。

(8)信号器——是一种以视觉、声音和触觉信号的形式显示有关参数,系统或对象所要求的值或状态信息的仪器。

(9)传感器——是一种用于生成被测参数当前值的测量装置。

（10）飞行和导航设备（flight-navigation equipment，FNE）——是一组测量、计算和控制系统、机上信息显示的设备和系统，用以从起飞到着陆的整个过程中解决飞行、导航和制导问题，并向需求方提供信息。

（11）无线电导航、着陆（radio navigation and landing，RNL）和航空交通管制设备（ATC）——用于确定飞机在飞行中、航线上、起飞和着陆时的位置以及通过无线电方法自动将数据传输到地面航空交通管制服务的设备。

（12）无线电通信设备（radio communication equipment，RCE）——通过无线电信道接收和传输信息，进行机组人员之间的通话以及向乘客发送通知的设备。

（13）天线馈线设备（antenna fidier devices，AFD）——完整的一套设备，包括天线、连接元件和馈线，通过机载 RNL 和 ATC 和/或 RCE 提供电磁波的接收和/或发射。在 AFD 中还可以包括滤波器，开关设备和其他元件。

（14）电气设备（electrical equipment，EE）——在用电器之间提供电能产生、转换和配电的设备，以及各种具有独立功能且不是其他系统元件的电力设备和机械。

（15）电源系统（power supply system，PSS）——完整的发电和配电系统。

（16）发电系统——电源或电能转换器（发电机、电流类型和电压值的转换装置、电池）、电压及频率稳定设备、并行操作设备、保护、控制和监控设备的集合，它们可以集中发电并使其特性限制在规定的范围内。

（17）主供电系统——其发电机是由飞机推进发动机或辅助动力装置（auxiliary power unit，APU）驱动的电源系统。

（18）辅助电源系统——由主系统供电的转换装置作为电源的供电系统。

（19）应急电源——是一种电源，其工作独立于安装在推进发动机和辅助动力装置（APU）上的一级电源。飞行中应急电源是在一级电源故障或/断开时使用，为有限的用电设备供电（一级）。蓄电池一级由蓄电池供电的转换器就属于应急电源。

（20）配电系统——从发电系统和地面电源连接单元向配电设备传输电力，从保障配电必需的配电设备向用电器传输电能、保障用电器供电的冗余，并防止配电系统损坏的设备集合。

（21）一级配电系统——是配电系统的一部分，它将电力从发电系统传输到配电装置。

（22）二级配电系统——是配电系统的一部分，它将电力从配电装置传输到用电器。

（23）用电器——是需要电力才能运行的系统、设备和单元。根据对电源可靠性的要求特性，用电器分为三类：

第一类用电器——其工作要必须保证飞行和着陆的安全；

第二类用电器——其工作要必须保证按飞行任务继续进行飞行计划和着陆；

第三类用电器——其电源中断不会影响飞行安全和飞行任务的执行。

（24）照明设备（light equipment，LE）——为客舱、驾驶舱、技术舱和货物舱、仪表和控制面板舱提供整体和局部照明的设备，还包括紧急出口的标牌和外部照明、飞机位置的灯光指示及滑行、起飞、着陆时的外部空间照明，以及飞机结构部件的照明。

（25）动力装置运行参数的显示和信号设施——是测量并向机组人员显示发动机、燃油和滑油系统运行参数的设施。

（26）基本设备——在预期的运行条件下完成基本指定功能所需的基本设备。

（27）备用设备——在某些单独的主要设备发生故障或无法使用时，为确保有限数量的功能正常运行并具有可接受的精度特征所必需的强制性设备。

（28）中央信号灯（central signal light，CSL）——一种光信号装置，用于吸引机组人员注意力或给机组人员传递与其有关的紧急或警告信号。

（29）ATC 状态——雷达应答器在频率范围内的操作模式，符合独联体二级雷达系统中采用的"请求-响应"代码。

RBS（A，AC）模式是 ATC 雷达应答器在频率范围内并根据与《国际民用航空公约》附录 10 对应的"请求-响应"代码的操作模式。

S 模式是二次监视雷达（secondary surveillance radar，SSR）系统的高级操作模式，允许对飞机进行选择性询问并接收响应。

（30）屏显系统——基于电信号以一定的形式和顺序确保所需信息在一个屏幕（多个屏幕）上形成图像的一套装置。

8.1.2 对设备的一般要求

（1）机载设备的设计、制造和安装方式必须使飞机在预期工作条件下（expected operating conditions，EOC）执行飞行时能够满足现行对高度层和领航与驾驶准确性的要求。

（2）如果用于确定横滚、俯仰、速度和高度的装置可能出现故障，则不允许在没有适当信号（指示）的情况下从一个传感器向两名飞行员的指示器发出信息。

（3）在运行过程中需要调节的设备任何部分的温度不得超过环境温度 20℃。安装在飞机上可供乘客和机组人员接近的地方，或者这些设备可能与其物品接触的地方（不包括厨房设备的热表面），当环境空气温度为+20℃时，其外表面温度不得超过+70℃。

（4）机载设备的设计、制造和安装方式必须使飞机在所有可能的位置使用其控制机构时，以及违反必要的工作顺序时，均不会以任何方式损坏本设备和与之相关的其他设备。机组在飞行中不使用的控制机构和调节装置必须使机组不可达。

（5）所有需要产生、转换或分配电能或电信号的功能系统（包括电源、控制、信息传输和天线装置的电路），其设计、制造和在飞机上的安装必须在运行中可能同时工作时不会对 RENL、ATC、RCE 或电子设备产生电磁干扰，从而不会导致工作性能破坏或发生特殊情况。

如果提供了干扰源和接收器在时间上分开的可能性,允许出现比复杂飞行工况更坏的电磁干扰(不会导致特殊情况的发生)。

(6)附属于飞机和设备的技术文档的组成和内容必须确保设备的正确操作、维护、储存和运输。设备应进行标记以清楚地标识产品。

8.2 飞行-导航设备

8.2.1 飞行和导航设备要求

(1)根据目视飞行规则(visual flight rules,VFR)飞行的飞机必须配备以下设备:

对于每个飞行员,一个屏幕综合飞行显示器(integrated flight indicator,IFI),应显示的信息包括:

① 参数:

- 表速;
- 最大飞行表速;
- 气压高度;
- 垂直速度;
- 设置的大气压力;
- 横滚;
- 俯仰;
- 偏航;
- 侧滑。

② 信号:

- 达到的最大飞行表速(V_{MO})。

对两名飞行员共有的:

- 自主磁罗盘;
- 带秒表的时钟;
- 室外温度指示器(随时或连续)。

(2)在按照仪表飞行规则(flight according to instrument flight rules,FAIFR)飞行的飞机上,除8.2.1(1)外,IFI屏幕上还必须显示以下信息。

① 参数:

- 当前的 M 数值以及 M 数的最大操作值(M_{MO});
- 当前攻角,指示飞机上没有接近失速警告标志的允许攻角。

备注:起飞、进近和降落时允许不显示 M 数值。

② 信号：
- 有关在有滚转角限制的航空器上运行时达到许可的滚转角；
- 有关近失速；
- 有关在对 M 数有限制的飞机上达到最大运行 M 数值(M_{MO})。

（3）每个飞行员必须配备一个导航状态屏幕综合显示器(complex indicator of navigation situation，CINS)，它应该显示以下参数信息：
- 航向；
- 指示航向的符号；
- 飞机当前位置的坐标。

（4）无论 IFI 和 CINS 的操作模式如何，都应在整个飞行过程中显示参数和信号信息。起飞、进近和着陆时，允许不显示 M 数。

（5）飞机必须配备自动控制装置(automatic control equipment，ACE)。对于最大巡航飞行高度不超过4 200 m 的飞机，本条的要求是建议性的。

（6）根据国家航空法规的要求，航空器可配备具有评估飞行方向地形功能的近地预警系统。

8.2.2　测量高度和速度参数的设备

（1）测量高度和速度参数的方法应包括如下。
按 VFR 飞行时：
- 两条独立的气压高度通道；
- 两条独立的表速通道。

按 FAIFR 飞行时：
- 两条独立的垂直速度测量通道；
- 至少三个独立的测速和测量高度的通道，其中至少两个必须配备飞行中的可操作性监控设施。

（2）用于测量和稳定给定气压高度的装置必须具有确保在现有垂直分层系统中安全飞行的准确性和可靠性特性。

为了在 VFR 飞行期间满足这些要求，飞机必须配备将气压高度传输到 ATC 系统的装置。

为了在 FAIFR 飞行期间满足这些要求，飞机必须配备：
- 给定飞行高度层偏差的监测和警告装置；
- 将气压高度传输到 ATC 系统和自动高度稳定装置。

8.2.3　航向确定装置

对每个飞行员，确定航向的设备应包括至少两个陀螺(稳定)航向传感器、一个磁航向传感器、一个自主磁罗盘,以及磁和/或真和/或相当(对磁或真子午线)的指示器。

航向指示应由陀螺(稳定)航向的各种传感器进行,由电源的各个独立子系统(通道)供电。

备注:允许以其他方式确定磁航向,例如通过计算。

8.2.4 确定横滚和俯仰的装置(航空地平仪系统)

(1)航空地平仪系统的任何单一故障,包括供电系统的单一故障,不得导致超过一个航空地平仪的故障。

(2)所有地平仪(包括备用航空地平仪)中横滚和俯仰角的显示必须与比较指标在程度上完全相同。

(3)在指定为 FAIFR 条件飞行的飞机上,完全失去姿态显示应被视为灾难性情况。在无任何警告下在显示器上终止发出信号的事件,不应高于不可能事件的频率。这必须符合本规章 A-0 分部第 2.3.3 点和 25.1309(b)(1)点的要求。

(4)备用航空地平仪连接到飞机供电系统的方式,必须确保由推进发动机驱动其旋转的所有发电机发生故障的情况下,无需机组人员采取另外行动即可确保其供电。作为备用航空地平仪,飞行器上必须安装航空地平仪,当横滚和俯仰在±360°范围内的变化条件下,航空地平仪仍具有工作能力和功能。

(5)当确定横滚和俯仰的装置可能出现故障时,不允许从一个传感器向两名飞行员的显示器发出信息。

8.2.5 确定空气参数的方法

(1)用于感测总压及静压的系统中的一个系统应仅用于连接第一个飞行员使用的仪器。

(2)接通到用电器的气压传感系统的密封性,除了通往大气的出口外,应在对应于 200 km/h 的初始压力下,仪表指示的变化在 1 分钟内不超过 1 km/h,当速度为 700 km/h 时为 2 km/h。

(3)当所有用电器都接通时,在为 ACE 用电器供电时每个静压系统在地面上的滞后系数应不超过 0.4 s,在为飞行和导航设备供电时应不超过 1.0 s。

(4)总压和静压管道以及与之相连的所有产品,无论是主要的还是附加的,都必须有供压配件标记:全压——"Д"和静压——"C"。

(5)必须为第一位飞行员提供手动和/或自动将气压高度、空速和垂直速度的 IFI 显示切换到其他总压和静压系统之一的可能性。在这种情况下,不允许两个飞行员从来自同一个静压或总压系统显示这些参数。为第一位飞行员测量和指示气压高度及空速的主要仪器必须独立于副驾驶仪器的信息源和电源。

（6）在 FAIFR 飞行条件下，飞机上必须安装以下备用仪表：

- 备份航空地平仪；
- 表速显示器；
- 气压高度计；
- 变感器；
- 磁航向仪或显示器（稳定的或计算的）。

（7）备用仪表的组成和特性必须确保在 IFI 和 CINS 信息完全丢失的情况下按照飞行手册安全完成飞行。

（8）如果主要电源发生故障，备用仪表必须保持运行。

8.2.6　确定飞机坐标的方法

（1）在整个飞行过程中，应指示飞机当前位置的坐标，并应向用户和/或屏幕显示系统提供必要的（一致的）信息。

（2）必须有校正计算坐标的能力。

（3）如果有将飞行计划输入到确定坐标的装置，则在飞行之前应能监控输入的正确性。

8.2.7　自动控制装置

本条中规定的要求适用于单独的自动控制驾驶仪（autopilot，AP）、轨迹控制系统（trajectory control system，TCS）和自动发动机推力（automatic engine throttle，AET），以及它们的组合。所有 8.2.7 中使用的缩写"ACE"，意味着该要求不仅适用于全部装置，而且同样适用于 8.2.7 中规定的任何单个装置。

（1）通过自动控制执行的功能取决于每种类型的飞机，具体取决于其使用目的和特点。在这种情况下，飞机必须具备执行以下功能：

- 稳定和控制横滚和俯仰角；
- 稳定偏航；
- 稳定飞行气压高度。

（2）ACE 控制操作应简单，并且不管是第一飞行员，或第二飞行员都应该能够完成。

（3）如果可能发生 ACE 模式的意外切换或关闭（例如，由于方向盘意外移动），应有足以有效的警告，以防止飞行员没有及时发现。

（4）打开和关闭 ACE 以及切换其操作模式，不应导致正常过载的绝对值增量超过 0.15（不包括控制动作引起的正常过载增量）。

（5）为防止 ACE 与故障设备一起运行，应使用与 ACE 交互的设备的可维护性信号。为此，去除可维护性信号时必须满足以下任一条件：

- 自动切换 ACE 以与可维修设备一起工作,同时保持当前的 ACE 操作模式;
- ACE 自动切换到另一种可用模式;
- ACE 自动关闭。

(6) 在对 ACE 进行技术维护时,必须采取措施防止 ACE 单元(元件)的错误连接,以及交互系统、设备或传感器与 ACE 的错误连接。

(7) 在对带有可维修 ACE 的飞机进行自动飞行控制的情况下,飞行员必须有机会通过在主控制杆上进行操作来控制(干预飞机的控制),而无需任何额外的动作来禁用 ACE。

施加在发动机控制杆上的合力必须得到机组人员的正面评估。如果发生这种干涉,飞机的飞行手册必须包含对机组人员的指示。

(8) 在飞行过程中开启 ACE,其平衡可能会变化到导致飞行员控制困难的范围的飞机上,必须完成对控制杆上的作用力自动配平并向飞行员发出指示,并且/或仅给出一个可以采用杆力配平飞机的可能性的杆力指示,以便在两种情况下,当 AP 关闭时,纵向过载的增量绝对值不超过 0.15。

(9) 在 AET 工作期间发动机控制杆的位移及其动力学应遵循发动机制造商的建议。

8.2.8　用于测量纵向过载的设备

用于测量纵向过载的仪器或传感器必须以能够测量和指示纵向过载的方式安装在飞机上,并具有该机所需的精度。

8.3　无线电导航,着陆和空中交通管制设备

8.3.1　一般要求

(1) AFD、RENL 和 ATC 设备作为机体结构的一部分,与飞机一起获得认证。

(2) 根据第 25.1351(b)(4)(i)条的要求,为确保在主电源发生故障时安全继续和完成飞行,至少以下系统保持功能:

- 导航系统中的一套;
- 着陆系统中的一套。

8.3.2　导航、着陆和空中交通管制无线电设备的组成

AFD、RENL 和 ATC 的组成是根据认证飞机的预期运行条件确定的。

8.3.3　导航、着陆和空中交通管制无线电设备的要求

1) 测量低海拔的无线电设备

（1）用于测量低海拔的无线电设备以及其他设备应提供：

● 以要求的精度测量真实的飞行高度；

● 发出有关真实高度和故障的信息，以给机组视觉指示，并以电信号形式（如果使用了这些信号）发给其他机载设备；

● 向机组发出关于飞机下降到预定真实高度的警告信号。

（2）用于测量低海拔的无线电技术设备应确保在所有使用的横滚和俯仰值时以及所有可能的飞机构型时都具有上述功能。

2）无线电着陆设备

无线电着陆设备（ILS）。

（1）无线电设备着陆与地面着陆系统一起使用时：

● 确定飞机相对于无线电信标系统的航线和下滑路径的位置，其精确度和高度应达到为该飞机确定的着陆最低值；

● 以无线电信号的方式发布有关飞机相对于航标系统的航向和滑行路径的位置的信息，以及向机组人员进行视觉指示失败的信息，并以电信号的形式发布给其他机载设备（如果使用的话）；

● 以视觉和声音警报的形式发布有关标记无线电信标（marker radio beacon，MRB）通过的信息，以及以电信号形式将该信息发布给其他机载设备的可能性；

必须在所有预期的使用条件下确保无线电着陆设备的航向信道的工作能力：

● 在至少 45 km 的距离上，在无线电信标的线性区域内，高于机场 600 m 的相对飞行高度，并且飞机的纵轴在水平面内从无线电信标的方向到最大 ±20° 的偏差；

● 在至少 18 km 的距离上，高于机场 300 m 的相对飞行高度，飞机在水平面内的纵轴与无线电信标方向的偏差为 ±90° 以内。

必须确保着陆无线电设备的下滑通道在所有预期操作条件下相对于机场上空 300 m 飞行高度，距跑道轴线 ±8° 内，以及飞机纵轴在水平面内与无线电信标方向的偏差不大于 ±45°，至少在 18 km 的距离内的可操作性。

与航向和下滑路径的偏差的信号质量应在该机采用的所有进近模式下均能提供可接受的驾驶质量。

沿航向和下滑路径进近时，在飞越标记信标时，光和/或声音信号应在以下区域中提供：远处的 MRB 之上（600±200 m 以上），在近的（中等）MRB 之上（300±100 m），下滑倾角从 2.5 到 3°。

（2）MLS 无线电着陆设备。

当地面信标 MLS 工作时，无线电着陆设备 MLS 应确保：

● 相对于对应的信标，按方位角、仰角和航程确定飞机的位置，并以为此飞机规定的相应着陆最小值的精度和高度，确定飞机相对于给定轨迹的位置；

● 向机组发布方位角、仰角和航程的信息、偏离给定航迹的信息，以及向机组

发布视觉指示故障的信息,向其他机载设备发出电信号(如果使用的话);

● 接收其他机载系统发出的单次指令("禁止重建""空对地""起飞和着陆"),以确保 MLS 设备执行所需的功能;

● 给出 MLS 信标发送的有关主要数据和辅助数据的电信号,以及主要数据的指示。

方位角、仰角和航程信号的质量以及基本数据应在给定类型的飞机采用的所有进近模式下提供可接受的驾驶质量。

(3) 分米范围着陆的无线电着陆设备。

在与地面 DRRW 范围着陆信标一起工作时,分米范围的无线电着陆设备应确保:

● 确定飞机相对于无线电信标系统的航向和下滑路径的位置,其精度与高度对应于为该飞机确定的最小着陆值;

● 确定飞机到测距仪中继站的距离;

● 以无线电信号的方式发布有关飞机相对于航标系统的航向和下滑路径的位置的信息,以及向机组人员进行视觉指示故障的信息,并以电信号的形式发布给其他机载设备(如果使用的话);

● 以电信号的形式传递有关航程的信息,以便向机组人员和其他机载设备视觉显示。

在飞机场以上 600 m 的相对飞行高度上,在距信标不小于 45 km 内,应确保 DRRW 范围的无线电着陆设备的航向通道的工作能力。

在飞机场以上 300 m 的相对飞行高度上,在距信标不小于 18 km 内,应确保 DRRW 范围的无线电着陆设备的下滑通道的工作能力。

在飞机以上 600 m 的相对飞行高度上,在距信标不小于 50 km 内,应确保 DRRW 范围的无线电着陆设备的测距通道的工作能力。

偏离航向和下滑路径通道的信号质量应确保在给定类型的飞机采用的所有进近模式下保证可接受的驾驶质量。

(4) G-BUS 着陆无线电设备。

G-BUS 着陆无线电设备必须提供:

● 确定飞机相对于所选着陆轨迹的位置,准确度和最高高度对应于为该飞机确定的着陆最小值;

● 发布有关飞机相对于航线和下滑道线的位置信息,以及向机组人员提供视觉指示失效的信息,以及向其他机载设备发送电信号的形式(如果使用这些信号);

● 发布到跑道入口的距离信息。

在机场上方 600 m 的相对飞行高度,必须确保 G-BUS 无线电设备在所有预期运行条件下的工作能力:

● 在±10°区域内至少 37 km(20 海里)的距离,并且飞机纵轴在水平面内偏离跑道方向不超过±90°;

● 在±35°区域内至少 28 km(18 海里)的距离,并且飞机的纵轴在水平面内与跑道方向的偏差不超过±90°。

航向偏差和下滑道信号的质量必须保证在给定飞机采用的所有进近模式下都能获得可接受的驾驶质量。

3)无线电罗盘(aviation radio compass,ARC)

(1)无线电罗盘与其他设备一起提供:

● 接收无线电台航向角(radio heading angle,RHA)的读数,并向机组发出视觉故障指示信息,并以电信号的形式向其他机载设备发出信号(如果使用的话);

● 实现往返电台的飞行;

● 确定往返无线电台之间的方位;

● 发出用于识别地面无线电台的信号。

(2)在 1 000 m 飞行高度上按无线电台引导工作时,ARC 的作用范围必须至少为 140 km,这时,当 RHA 在 0°和 180°时,RHA 的误差应不大于±3°,在其余 RHA 时,误差不应大于±5°。

(3)飞越引导无线电台上空时,自动罗盘(ARC)的不稳定工作区域不应超过飞行高度(H)。

备注:在以 ARC 为备用导航装置的飞机上,允许将 ARC 的不稳定运行区域增加到 1.5H。

4)ATC 雷达应答器

(1)ATC 雷达应答器必须确保在路线和机场区域使用辅助地面雷达的工作。

根据飞机的预期运行条件确定所需的应答器运行模式("ATC""RBS"或"S")。

非选择性 ATC 应答器必须确保接收询问信号并发出包含坐标代码和信息代码的响应信号,其中至少包括以下信息:飞机号、飞行气压高度、遇险信号、特殊位置识别脉冲。

除上述内容外,ATC 寻址应答器还必须确保以地址格式接收询问信号并向机载使用者发送其中包含的信息,并通过从机载传感器发送信号的地址格式的信息来发送对地址询问器的适当响应。

寻址应答器必须在分集天线上运行。

(2)ATC 雷达应答器的作用距离必须至少为

$$D = 0.75 \left[4.12 \left(\sqrt{H_1} + \sqrt{H_2} \right) \right] \tag{8.1}$$

式中,D 为距离,单位为 km;H_1 为地面雷达天线安装高度,单位为 m;H_2 为飞机飞行

高度,单位为 m;0.75 为无量纲系数;4.12 为无线电视距比例因子,单位为 km/$\sqrt{m}$;

（3）ATC 应答器传输的用于维持指定飞行剖面的飞行仪表的气压高度读数的传输误差,不应超过±37.5 m,概率为 0.95。

5）分米范围的近距导航（测角测距仪）无线电设备

（1）用于近距导航的无线电技术设备应在无线电信标的覆盖范围内提供:

● 按规定空中走廊航行所需的精度确定航空器相对于信标的方位角和距离;

● 以视觉向机组提供有关方位角、距离和故障的信息,并以电信号的形式传递给其他机载设备（如果使用这些信号）。

（2）短距导航的无线电设备作用距离应至少为

$$D = 0.75\left[4.12\left(\sqrt{H_1} + \sqrt{H_2}\right)\right] \tag{8.2}$$

式中,D 为距离,单位为 km;H_1 为地面雷达天线安装高度,单位为 m;H_2 为飞机飞行高度,单位为 m;0.75 为无量纲系数;4.12 为无线电视距比例因子,单位为 km/$\sqrt{m}$。

6）测角系统的无线电设备

（1）测角系统的无线电技术设备（very high frequency omnidirectional range, VOR）必须确保无线电导航信标之间的相互作用:

● 确定飞机相对于 VOR 测角系统信标的角位置,并具有必要的精度,以便沿着建立的空中走廊以及其他设备向（离）信标方向驾驶飞机;

● 提供有关飞机的角位置和有关视觉指示故障的信息,以电信号的形式传递给其他机载设备（如果使用这些信号）。

（2）测角系统的无线电设备 VOR 的作用距离至少为

$$D = 0.75\left[4.12\left(\sqrt{H_1} + \sqrt{H_2}\right)\right] \tag{8.3}$$

式中,D 为距离,单位为 km;H_1 为地面雷达天线安装高度,单位为 m;H_2 为飞机飞行高度,单位为 m;0.75 为无量纲系数;4.12 为无线电视距比例因子,单位为 km/$\sqrt{m}$。

当与地面信标一起工作时,相对飞机纵轴±30°的范围内、其余方位为 0.8D,其可调节的作用范围要保证这个距离。

7）测距系统无线电设备（distance measuring equipment, DME）

（1）DME 必须提供:

● 确定飞机相对于系统信标的距离,其精度必须保证沿着规定的空中走廊与其他设备一起能驾驶飞机实现着陆;

● 通过自己的显示器和/或飞行导航仪向机组提供有关航程和故障的视觉信息,并以电信号的形式传递给其他机载设备,如果使用了这些信号。

（2）导航模式下 DME 测距系统的无线电设备作用距离应至少为

$$D = 0.75\left[4.12\left(\sqrt{H_1} + \sqrt{H_2}\right)\right] \tag{8.4}$$

式中,D 为距离,单位为 km;H_1 为地面雷达天线安装高度,单位为 m;H_2 为飞机飞行高度,单位为 m;0.75 为无量纲系数;4.12 为无线电视距比例因子,单位为 $km/\sqrt{m}$。

8) 用于航向速度和漂移角(Doppler meters for dround speed and drift angle, DMSA)的多普勒仪

在不低于任何表面 10 m 的高度[包括大于(或等于)2 级有浪的水面上]上飞行,或者飞机以使用侧倾角和俯仰角的值飞行时(当急剧改变飞机运动状态时),多普勒仪与其他设备一起使用时应保证:

● 以所需的精度和数值范围确定飞机的航向速度和漂移角;

● 向机组发出有关航向速度、漂移角和故障信息的视觉指示,以及以电信号形式(如果使用了这些信号)发给其他机载设备。

备注:当侧倾角大于 30°时,允许 DMSA 过渡到"内存"模式。

9) 雷达气象导航设备

雷达气象导航设备与其他设备一起应保证:

(1) 在足以安全绕过其范围的距离外,在信息显示设备(雷达气象设备的指示或屏幕显示系统)屏幕上显示危险气象形态,并且如果显示中断(无论设备的运行模式如何)——给出在飞机飞行方向上给定区域内存在危险气象的警报:

● 确定与观察到的地标点或气象形态的角位置和距离;

● 以视觉指示的形式向机组发布有关设备故障的信息,以及以电信号的形式向其他机载设备发布有关设备故障的信息(如果使用了这些信号)。

(2) 显示的有关气象形态的信息应代表它们在视平面中的相对位置,而地表信息应能识别地标。

(3) 信息显示设备的设计和安装位置应能使第一和第二驾驶员在驾驶舱内任何可能的照明条件下使用雷达气象设备的信息。

10) 卫星导航无线电设备

用于卫星导航的无线电技术设备,与其他设备一起提供:

● 以建立的空中走廊导航所需的精度确定飞机的地理坐标;

● 向机组发布有关地理坐标和故障信息的视觉指示,以及以电信号的形式发布给其他机载设备(如果使用这些信号)。

11) 碰撞警告和预防的无线电设备(airborne collision aroidance system, ACAS)

碰撞警告和预防无线电设备应与其他设备一起提供:

● 确定飞机之间的距离、速度和高度差、与另一架飞机的方位、到碰撞的剩余时间,以防止碰撞;

● 向机组人员发布信息,以可视方式指示与另一架飞机的距离以及飞机之间

的高度差、飞机的方位、接近危险程度、空中总体状况和设备故障；

● 制定和发布用于向机组人员视觉指示的建议，以指导执行绕行机动，避免与接近的飞机发生可能的碰撞。

8.3.4 天线馈线设备（AFD）

本条的要求适用于安装在飞机 AFD 上的用于导航、着陆和空中交通管制的所有无线电技术设备，以及整流罩上的天线（就影响 AFD 特性而言）。

1）天线馈线设备的一般要求

（1）AFD 结构必须满足与飞机预期使用条件及其放置场所相对应的机械强度。

（2）在飞机上布置天线时，必须采取措施以防止在飞机地面操作期间损坏伸出的天线。

（3）进入飞机结构中的 AFD 介电元件和天线罩，其设计、制造和安装必须确保与 AFD 相关的设备在所有预期运行情况下所需的运行质量条件。

（4）天线安装法兰和飞机机身之间的过渡电阻应不超过 600 μΩ。当有附加安装元件的情况下，天线法兰和飞机机身之间的过渡电阻的总值应不超过 2 000 μΩ。

（5）在不超过 +35℃ 的温度和相对湿度不超过 80% 的情况下，AFD 的绝缘电阻应至少为 20 MΩ，在所有其他预期的工作条件下，至少应为 1 MΩ（AFD 工作电压不超过 0.4 kV）。

备注：本点要求不适用于根据电路在直流电中短路的 AFD。

（6）天线与飞机上的馈线路径和设备连接的结构和布置应确保能拆开并连接测量设备。

（7）天线的结构和布置（包括整流罩）必须确保在结冰条件下工作时与其连接的设备的正常功能。

（8）天线的结构和布置必须能防止静电。

（9）在设计 AFD 并将其布置必须有闪电防护，排除出现紧急情况或灾难性情况的可能性。

（10）AFD 的设计和布置方式应能在发射和接收 AFD 之间提供必要的解耦，使得：

● 无线电着陆技术设备的 AFD，以及 VOR 测角系统与 mV 范围无线电台的 AFD 在工作频率上的解耦至少为 35 dB；

● 对于用于测量低高度的无线电设备天线，只要满足条件 $Ha \geq 1.37D$，则接收天线和发射天线的中心之间的距离（D）不小于 1 m，这里，Ha 为飞机着陆时起落架与跑道接触时天线高于地面的安装高度。在确保满足 8.3.4 中 1）要求的同时，允许将 D 减小至 0.6 m。

2）对用于测量低高度的 AFD 无线电设备的要求

（1）AFD 的工作频率范围应为 4 200~4 400 MHz。

（2）为确保设备按照 AFD 8.3.4 中 1）的要求进行操作,测量低高度的无线电设备 AFD 应以以下方式进行布置,使得：

● 天线展开面与飞机水平面的偏差不超过 5°；

● 在平面顶角至少为 90°的天线孔径的立体角内没有突出的结构元件；

● 每组发射和接收天线的极化是相同的。

3）对无线电着陆技术设备（instrmental landing system，ILS）、LD（landing system）下滑道 AFD 的要求

（1）AFD 的频率范围应为 108~112 MHz。

（2）AFD 输出端的电压驻波比（voltage standing wave ratio，VSWR）不得大于 5。

（3）在相对于飞机纵轴±90°前扇区水平面上,水平场分量的不均匀度应不超过 12 dB。

备注：

① 建议在有一个或两个输出的情况下,与半波振荡器的最大发射量相比,沿飞行方向的水平面上 AFD 的增益至少应为-10 dB,当有三个输出的情况下至少应为-13 dB（考虑到馈线路径中的衰减不超过 1 dB）。

② 当具有一个输出的 AFD 与两个或更多接收器一起工作时,连接到接收器的公共输入的点被认为是 AFD 的输出。

（4）场的极化应主要是水平的。天线场的垂直分量相对于水平分量在沿飞机纵向轴的正方向上的衰减必须至少为 10 dB。

（5）如果天线有两个或三个输出,则 AFD 输出之间的去耦度应至少为 6 dB。

（6）飞机上的航向天线用作测角系统天线 VOR 时,还必须满足 8.3.4 中 10）的要求。

4）对无线电着陆技术设备 ILS、LD 的下滑 AFD 要求

（1）AFD 工作频率范围应为 328.6~335.4 MHz。

（2）AFD 输出上的电压驻波比（VSWR）不得大于 5。

（3）在相对于飞机纵轴±45°的前向扇区中,水平面上的水平场分量的不均匀性不超过 6 dB。

备注：

① 建议在有一个或两个输出的情况下,与半波振动器的最大幅值相比,沿飞行方向的水平面上 AFD 的增益至少应为-12 dB,在三个输出的情况下至少应为-15 dB（考虑到馈线路径的衰减不超过 2 dB）。

② 当具有一个输出的 AFD 与两个或更多接收器一起工作时,AFD 输出是将馈线连接到接收器的公共输入点。

（4）场的极化应主要是水平的。天线场的垂直分量相对于水平分量沿飞行器的纵轴在向前方向上的衰减必须至少为 10 dB。

（5）如果天线有两个或三个输出，则 AFD 输出之间的去耦至少应为 6 dB。

（6）天线在飞机上的布置方式，应使在所有预期操作条件下，当飞机进近着陆时，在下滑道下降时提供从飞机最低点到障碍物或地面的安全距离。

5）对无线电着陆技术设备的标志 AFD 要求

（1）标记 AFD 的工作频率应为（75±0.1）MHz。场的极化是水平的。

（2）AFD 输出端电压的驻波比应不超过 5。

（3）标记天线必须以可以看到下半球的方式放置在飞机上。

6）对 AFD 无线电罗盘的要求

（1）对飞机结构中全向天线的要求。

• AFD 的工作频率范围应为 0.15~1.75 MHz。

• 全向天线的作用高度必须至少为 0.1 m。

• 全向天线的电容必须至少为 24 pF。

• 全向天线在飞机上的布置方式，应方便以所需的精度指示行驶中的无线电台的飞行时刻。

• 全向和环形天线的位置应满足 8.3.3 中 3）的要求。

（2）进入 ARC 交付组件的组合天线单元的要求。

• 作用频率范围应为 0.15~1.75 MHz。

• 为确保按照 8.3.3 中 3）的要求操作设备，组合 ARC 天线单元的布置应使：

-以所需精度提供驾驶无线电台通过时刻的标记；

-满足无线电罗盘操作文档（ED）中规定的在飞机上组合天线单元的放置要求。

7）"ATC"模式下对雷达应答器 AFD 的要求

（1）AFD 的工作频率范围应为：

• 在接收模式下：

837.5±4 MHz，极化场——水平；

1 030±3 MHz，极化场——垂直；

• 在传输模式下：740±3 MHz，极化场——水平。

（2）AFD 的电压驻波比应为：

• 837.5±4 MHz 范围内——不超过 5；

• 在 1 030±3 MHz 范围内——不超过 2；

• 在 740±3 MHz 范围内——不超过 2.5。

（3）AFD 的视场是在应答器作用范围的 75% 的距离处确定的，在使用的侧倾角和俯仰角时在水平面不应出现盲区。

备注：当转速不小于 6 r/min，地面雷达天线在 1~2 个周期的时间里，允许飞机的个别标记随机失踪。

8）"RBS""S"模式下对 AFD 雷达应答器的要求

（1）AFD 的工作频率范围应为：

● 在接收模式下——1 030±3 MHz；

● 在传输模式下——1 090±3 MHz；

极化场——垂直。

（2）AFD 的电压驻波比应不大于 2。

（3）AFD 的视场是在应答器作用范围的 75% 的距离处确定的,在使用侧倾角和俯仰角时在水平面不应出现盲区。

备注：当转速不小于 6 r/min,地面雷达天线在 1~2 个周期的时间里,允许飞机的个别标记随机失踪。

9）对分米范围的近距导航(测角测距仪)无线电设备 AFD 的要求

（1）AFD 的工作频率范围应为：

● 在接收模式下——873.6~1 000.5 MHz；

● 在传输模式下——726~813 MHz。

极化场——水平。

（2）AFD 输入端电压的驻波比应为：

● 在接收范围内——不超过 5；

● 在发射范围内——不超过 2.5。

（3）AFD 能见区应为无线电信标视场范围的 75%。

备注：

① 如果飞行器配备了由数个天线组成的 AFD,这些天线使用特殊的切换装置依次连接到设备,则切换过程不应干扰设备的正常运行。

② 当使用短程导航无线电设备的 AFD 作为分米着陆无线电设备的 AFD 时,还必须满足 8.3.4 中 16)的要求。

10）对 VOR 测角系统无线电设备的 AFD 要求

（1）AFD 工作频率范围应为 108~117.975 MHz。

（2）AFD 输出端的电压驻波比不得超过 5。

（3）AFD 在水平面方向图应该是全向的。方向图的不均匀度应不超过 20 dB。

备注：当操作具有两个或多个接收器的一个输出 AFD 时,AFD 输出被认为是馈线与接收器公共输入的连接点。

（4）场的极化应主要是水平的。天线场的垂直分量在飞机纵轴方向上相对于水平分量的衰减应至少为 10 dB。

备注：使用测角 VOR 系统的导航天线作为着陆无线电设备的定位器时,还必须满足 8.3.4 中 3)的要求。

11）对 DME 测距仪系统的无线电设备 AFD 的要求

（1）AFD 的工作频率范围应为 962~1 215 MHz。场的极化是垂直的。

（2）AFD 输入端的电压驻波比应不大于 2。

（3）在距无线电信标视线范围 75% 的距离处确定的导航模式下，AFD 的视场在以零侧倾角飞行时不应在水平面上有盲区。

在着陆模式下，在地面无线电信标操作规定区域的边界附近确定的 AFD 视场，在每次以 10° 倾角转弯时在水平方向不能出现持续 10 s 以上的一个盲区时完成左转和右转。

备注：在天线与 DME 测距仪系统的无线电设备收发器之间的馈线衰减不应大于 5。

12）对测量航向角和漂移角的多普勒仪 AFD 的要求

（1）AFD 的工作频率范围应为（13 325±75）MHz。

（2）为确保航向角和漂移角的多普勒仪按照 8.3.3 中 8）的要求工作，AFD 应位于机身下部，以便：

● 在飞机的任何形态下，接收和发射天线的波束工作区域内没有飞机结构的突出元件；

● 在 AFD 附近没有不封闭的可动构件；

● 在飞机结构中包含电介质整流罩的情况下，接收天线和发射天线之间要提供必要的解耦。

13）对雷达气象设备 AFD 的要求

（1）AFD 的频率范围应为（9345±30）MHz。

（2）为确保按照 8.3.3 中 9）的要求操作雷达气象设备，天线的放置方式应能在给定的区域内提供视野。

14）对无线电设备着陆 MLS 的 AFD 要求

（1）AFD 的工作频率范围应为 5 031~5 090.7 MHz。场的极化是垂直的。

（2）为确保按照第 8.3.3 中 2）第（2）点的要求操作设备，AFD 在飞机的放置必须提供所需的视野。

（3）AFD 输入端的电压驻波比应不大于 2。

15）对卫星导航设备 AFD 的要求

（1）AFD 的工作频率范围应为 1 602~1 616 MHz 和/或 1 573.41~1 577.41 MHz。

（2）为了确保卫星导航设备的操作符合 8.3.3 中 10）的要求，天线的放置方式必须能提供给定扇区中上半球的视野。

16）对分米范围内无线电着陆技术设备的 AFD 的要求

（1）AFD 的工作频率范围应为：

● 在接收模式下：905.1~966.9 MHz；

● 在传输模式下：772.0～808.0 MHz。

（2）AFD 输入端电压的驻波比应为：

● 在接收模式下——不超过 5；

● 在传输模式下——不超过 2.5。

（3）在相对于飞机纵轴±90°的前向扇区中,在水平面场的水平分量的不均匀度不超过 12 dB。在这种情况下,方向图的最大值应在指定扇区内。

备注：

① 如果在飞机上安装由数个天线组成的 AFD,并使用特殊的交换装置交替连接至设备,则开关过程不应干扰设备的正常运行。

② 使用分米范围的 AFD 无线电着陆技术设备作为近距导航的 AFD 无线电技术设备时,还必须满足 8.3.4 中 9)的要求。

17）对避免和预防碰撞设备(airborne collision avoidance system,ACAS) AFD 的要求

（1）AFD 的工作频率范围应为：

● 在发射模式下——(1 030±3)MHz；

● 在接收模式下——(1 090±3)MHz。

场极化——垂直。

（2）为确保按照 8.3.3 中 11)中的要求操作设备,必须根据设备的规范和技术文件(NTD)的建议将 AFD 布置在飞机上以形成必要的视野。

（3）AFD 的电压驻波比应不大于 2。

8.4 无线电通信设备(RCE)

8.4.1 一般要求

（1）无线电通信设备,取决于其组成和经认证飞机的 EOC,必须提供以下功能：

● 在直接无线视线内与计划起飞或降落的每个机场的管制部门以及飞机所在管制区域之间的双向通信；

● 在飞行中的任何时间与至少一个地面航空无线电站进行双向通信；

● 在飞行路线的任何时间接收气象报告或由气象服务或机场控制服务发送的气象报告或特别通知；

● 所有机组成员在飞行中任何时间的操作沟通；

● 飞行中向乘客发出警告；

● 在飞机上安装语音信息设备时,提供有关特殊情况的语音信息；

• 发出确定失事飞机的位置信号并为其开展搜索和救援设备的信号,并在降落到机场之外后为失事飞机的机组人员(乘客)提供双向语音通信。

(2) 为了确保按照 25.1351 的要求在主要电源发生故障时安全持续并完成飞行,至少必须提供以下功能:

• 内部通信设备;

• 有关特殊情况的语音信息的设备;

• 两个兆瓦广播电台之一;

• MW/DMW 范围的一台自动应急无线电信标"КОСПАС – САРСАТ"。

8.4.2 无线电通信设备的组成

无线电通信设备的组成取决于飞机的预期运行条件。

(1) 在进行航线飞行的飞机上,在整个飞行过程中,为保障 MW 范围无线电台的通信(为 80% 有效无线电视距确定的 MW 通信场中断不超过 5 分钟),安装:

• 两个 MW 范围的广播电台;

• 内部通信设备;

• 机组人员航空耳机;

• MW/DMW 范围的应急无线电信标"КОСПАС – САРСАТ",它由机组人员从驾驶舱自动和手动激活;

• 紧急救援无线电台。

(2) 在飞越难以到达且人烟稀少的地区和大片水域的飞机上,除第 8.4.2(1)第(1)点规定的无线电通信设备外,还应安装:

• 紧急降落后(自主)在飞机外使用的 MW/DMW 范围的便携式紧急救援信标"КОСПАС – САРСАТ"。

备注:如果 MW/DMW 范围的便携式紧急救援信标"КОСПАС – САРСАТ"具有应急无线电台的功能,则可以不安装应急无线电台。

(3) 在进行航线飞行的飞机上,如果无法完全确保在 MW 频段内进行通信,除了 8.4.2 第(1)、(2)点列出的设备外,如果为 80% 有效无线电视距确定的 MW 通信场中断超过 5 分钟,则加装一个 DCMW 范围内的无线电台,如果超过 1 小时,则加装 2 个 DCMW 范围内的无线电台。

备注:如果通过利用卫星通信信道提供与 ATC 的通信,可以不安装第二个 DCMW 范围内的无线电台。

8.4.3 对无线电通信设备的要求

1) MW 电台

(1) MW 波段电台必须在工作范围内以电话方式直接在机组人员和 ATC 调度

服务之间提供工作通信。

（2）停机时,在机场运动以及在飞机场区域飞行时,机载无线电站与地面无线电站的双向通信质量不得低于5分制中的4分。

（3）在飞机水平状态,航向角为 0±30° 和 180±30° 时,双向无线电通信范围应至少为巡航高度上有效无线电视距的80%,并且通信质量不低于5分制的3分。

备注:有效无线电视距值由以下公式计算:

$$D = 4.12(\sqrt{H_1} + \sqrt{H_2}) \tag{8.5}$$

式中,D 为在标准折射率下的有效射无线电视距,单位为 km;H_1 为地面无线电台天线的抬升高度,单位为 m;H_2 为飞机飞行高度,单位为 m;4.12 为无线电视距的比例因子,单位为 $km/\sqrt{m}$。

（4）在除 8.4.4 中 1）第（3）点规定的任何偏航角以外,在飞机水平状态,双向无线电通信范围应至少为巡航高度上有效无线电视距的65%,并且通信质量不低于5分制的3分。

（5）正常爬升和下降模式下,以及巡航飞行模式下的最大侧倾角,双向无线电通信范围应至少为巡航高度上有效无线电视距的60%,并且通信质量不低于5分制的3分。

备注:对于巡航高度大于 6 000 m 的飞机,允许在任何飞行高度的无线电通信范围内满足 8.4.1（1）的前 5 小点的要求,但不小于 6 000 m。

2）DCMW 范围广播电台

（1）当无法通过 MW 范围无线电台进行通信,则必须在机组人员与空中交通管制服务（点）之间提供 DCMW 范围无线电台通信。

（2）无线电通信范围必须至少为飞机最大飞行范围的60%,并且通信质量必须至少为5分制的3分。

3）航空对讲设备（aviation intercom equipment, AIE）

（1）AIE 与飞机的航空耳机、听筒和扬声器一起,必须在包括乘务员（如果机组中包括乘务员）在内的所有机组人员之间提供内部电话通信,通过机载无线电台获得外部双向通信,接收特殊信号,接通对话记录设备,在任何飞行模式下和环境噪声条件下,从飞行员和空乘人员的工位上向机舱中的乘客发布通知,包括飞机在滑行时和在停机时。

（2）在地面上和所有飞行阶段,机组成员与之间的内部通信质量必须至少达到5分制的4分。

（3）在飞行的各个阶段（包括滑行和在停机）,乘客通告的质量必须不低于5

分制的 4 分。

4）机组人员的航空耳机

机组人员的航空耳机应与 AIE 和广播电台一起在噪声环境情况下提供内部和外部通信。

5）紧急救生广播电台和无线电信标

（1）MW/DMW 范围的应急无线电信标"КОСПАС – САРСАТ"应提供：

● 为搜索救援设施传输信号；

● 传输飞机坐标。

MB 范围的应急救援无线电台必须提供失事飞机成员与搜救人员之间的无线电通信。

备注：如果 MW/DMW 范围的紧急救援信标"КОСПАС – САРСАТ"具有紧急无线电台的功能，可以不安装 MW 频段的应急无线电台。

（2）MW 范围的应急救援无线电台和 MW/DMW 范围的应急无线电信标"КОСПАС – САРСАТ"（除不可拆卸的）应易于拆卸，并放置在便于紧急疏散时能快速拆下的位置。MW/DMW 范围的应急无线电信标"КОСПАС – САРСАТ"（便携式应急信标除外）应在遇险呼叫时自动启动。

6）语音信息设备

（1）用于特殊情况的语音信息设备应通过从先前记录在信息载体上的那些消息中发送标准消息来向机组人员提供自动语音通知。

（2）在所有飞行阶段，语音信息的清晰度不得低于 5 分制的 4 分。

8.4.4　天线馈线设备（AFD）

这些要求适用于飞机上安装的所有无线电通信设备以及天线罩（就影响 AFD 特性的性能而言）。

1）对 AFD 的一般要求

（1）AFD 的结构应保证与飞机预期运行条件及其位置相对应的机械强度。

（2）在飞机上布置天线时，必须采取措施以防止在飞机地面操作期间损坏伸出的天线。

（3）飞机结构中所包含的 AFD 介电元件和天线罩必须这样设计、制造和安装，以确保在所有预期的运行条件下，确保与 AFD 设备相关的功能需求，且 AFD 参数满足 8.4.4 的要求。

（4）天线安装法兰和机体之间的过渡电阻应不超过 600 μΩ。当有附加安装元件时，天线法兰和机体之间的过渡电阻的总值应不超过 2 000 μΩ。

（5）在不高于 +35℃ 的温度和相对湿度不超过 80% 的情况下，AFD 的绝缘电阻应至少为 20 MΩ，在所有其他预期使用条件下，在工作电压下不超过 0.4 kV 时，绝缘电阻应至少为 1 MΩ,当 AFD 的工作电压大于 0.4 kV 时,对于每一个完整或不完整的千伏,绝缘电阻至少为 2 MΩ。

备注:本点的要求不适用于根据电路图在直流电中短路的 AFD。

(6) 天线与馈线路径和飞机上设备的连接的设计和布置应确保断开和连接测量设备的可能性。

(7) 天线的设计和布置(包括整流罩)必须确保在结冰条件下工作时与其连接的设备的正常功能。

(8) 天线的设计和布置应保障静电防护。

(9) 天线的设计和布置应提供雷击防护。

(10) AFD 的布置方式应使其之间提供必要的去耦。建议去耦的工作频率为:

- MW 范围的无线电电台的 AFD 之间不小于 35 dB;
- MW 范围无线电电台的 AFD 与无线电着陆技术设备航向 AFD(VOR 测角系统的无线电设备的 AFD)之间不小于 35 dB。

2) 对 MB 范围的无线电电台 AFD 的要求

(1) AFD 输入端的电压驻波比(VSWR)不得大于 3。

(2) 水平面上垂直分量分布的不均匀度不应超过 12 dB。

备注:在不超过 10°的扇区内,则允许在(90±60)°和(270±60)°航向角时,在方向曲线图的最大值上将不均匀度提高‐4 dB,如果这时满足 8.4.3 中 1)的第(4)点的要求。

3) 对 DCMW 范围广播电台 AFD 的要求

(1) 天线和天线匹配设备(antenna matching device,AMD)必须在飞行中和地面上的整个工作频率范围内提供广播电台的调谐。

(2) 天线输入必须可靠绝缘和固定,以排除在飞行过程中接触结构的金属部分并破坏输入绝缘的可能性。

(3) 发射 AFD 的结构元件应确保安装在飞机上的发射器的运行不会发生电晕和电击穿。

(4) 必须证明,考虑飞机使用文件中的推荐,将无线电台和/或 AFD 元件用备用件替换时,要满足 8.4 中 DCMW 的通信要求。

4) 对 MW/DMW 范围的自动应急无线电信标"КОСПАС‐САРСАТ"的 AFD 的要求

(1) AFD 的工作频段应为:

- MW 范围内为 121.5 MHz±7 kHz;
- 在 DMW 范围内为 406.018~406.035 MHz。

(2) AFD 输入端的电压驻波比(VSWR)不得超过 1.5。

8.5　驾驶舱布局(对带综合屏显设备要求的描述)

8.5.1　驾驶舱

(1)必须为每个机组人员提供一个工位。飞行员的工位应位于驾驶舱的前部,同时,机长的工位应在左侧。在飞机上,除飞行员外,机组人员还包括一名飞行工程师,其工位应位于右舷或飞行员工位之间。不允机组人员背朝飞行方向。

备注:不管飞行手册为飞行工程师指定了右舷或者两名飞行员之间的活动工位,但必须保障:

● 在两个位置都能方便工作;
● 方便从一个工位换到另一个工位,而无须解开安全带。

(2)座舱中的所有标识应位于它们所属的元件(手柄、拨动开关等)上,并且根据 EOC(expected operating condition)能在白天和黑夜中清晰可见和区分。标识文字缩写不允许其含义的解释含糊不清。

8.5.2　操纵机构

(1)最经常用的操纵机构,包括最复杂飞行阶段(例如对飞行员来讲,进近和着陆)以及在复杂和紧急情况下使用的操纵机构,应放在从可达性和视野角度看对每个机组人员工作范围的最好区域。同时,应选择操纵机构的位置,以便在起飞、进近、着陆和复飞阶段,飞行员无须在控制舵上换手即可按操作手册完成动作。安装在右舷飞行员舵柄上的操纵机构必须与左飞行员舵柄上的操纵机构的对应位置"镜像"布置。

(2)操纵机构的位置、手柄的形状和大小应确保在所有飞行模式和特殊情况下都能快速识别并采取无误操作。

(3)主操纵机构的运动方向应该对应以下要求:

● 水平安定面:向前(向上)切换——俯冲;
● 发动机倒挡控制杆:后退(朝向自己)——增加反推力(功率)。

(4)屏幕显示器的操作模式、指针移动、亮度和对比度调节的控制杆应位于驾驶室中控制面板和/或显示器上方便的位置。

8.5.3　仪器和信号器的安装位置

(1)应根据给机组人员提供的信息的重要性来选择机组人员工位上仪器和信号器的安装位置。这时可以利用:

● 根据对飞行安全的相对重要性(意义)程度进行分组(例如,将主要飞行-导航仪表放置在飞行员仪表板的上部和中部区域);

● 按功用分组,即按属于一个功能系统(例如,动力装置控制的一系列仪表);

● 按使用时间分组,即在飞行中或地面上,或在飞行的某些阶段,或在一定的时间顺序等使用。

(2)在白天和晚上的飞行条件下,必须从工位清楚地看到安装在机组仪表板上的仪器和信号装置。在这种情况下,允许机组人员偶尔轻微地改变工作姿态。机组人员应准确无误地感知仪表读数。相应的机组人员应接受无失真的视觉信号设备的信息,并且应排除有关此功能系统或受监控参数状态的误解。必须确保从机组人员的工位上对动力装置仪表指示监控的正常可视和方便性,飞行手册中规定了这些监控。

(3)用于监视飞行-导航参数的屏显。

用于监视飞行-导航参数的屏显应按以下方式位于主驾驶员和副驾驶员的仪表板上:

● 综合驾驶显示器(integrated pilot indicator, IPI)——在仪表板的上部,朝向飞行员座椅轴线,或者与显示器中心轴稍有偏移;

● 综合导航显示器(integrated navigation indicator, INI)——与IPI位于同一水平高度,在主驾驶员仪表板的右侧,在副驾驶员仪表板上的左侧,或者在与它垂直的垂直面上的状态显示器下方。

这时,在方向盘平衡状态的中立飞行模式下,均应排除IPI显示器的指数和刻度的阴影。INI指数和指针的阴影不应该使飞机驾驶变复杂。

风挡玻璃显示屏(windshield indicator, WI)应位于飞行员的中央视野中,以使屏幕的中心位于通过视线的垂直平面中,并且所显示的参数将投射到驾驶舱外的背景上。

飞行-导航参数指针刻度和指数应按功能组设在IPI的正面,在所有飞行阶段,它们的相互位置应:

● 在屏幕的中央,必须提供飞机的空间位置(如滚转和俯仰角)、控制指挥命令和偏离预定轨迹的信息;

● 在屏幕左侧应布置速度参数(如表速、马赫数、地速);

● 在屏幕右侧应布置高度参数(如垂直速度、气压和几何高度);允许将几何高度显示器放置在显示器的中央。

INI的显示参数应按如下布置:

● 在屏幕上部——航向参数(如航向——当前和给定值、偏流角、偏航角);

● 在屏幕中央部分——给定航线。

在IPI和INI上显示的其他信息的放置方式应确保在飞行的各个阶段都能可靠地接收信息。

当不能使用IPI和INI时,则主要飞行-导航参数的备用显示器应位于能够使飞行员按照飞行手册完成安全飞行的位置。

（4）屏幕显示器。

用于监测动力装置、飞机系统、控制面、飞机增升装置状态以及警报系统中的万用信号板的屏幕显示器应位于中间仪表板上。

显示器屏幕上的刻度、指数以及发动机参数的其他显示器的相对位置必须满足以下要求：

- 相同发动机参数的显示器应按飞机上发动机的顺序从左到右布置在一个水平行上；
- 一台发动机的不同参数的显示器按受控参数的重要性顺序垂直排列成一排（从上到下）；
- 当使用垂直刻度时，发动机参数显示器应布置在水平行上，其数量取决于所显示参数的数量。

（5）发动机主要参数的备用显示器（如转速表、排气温度计）尽可能与动力装置参数的主要屏幕显示器靠近布置，使机组人员方便使用。

（6）每组或每块光信号板应根据以下原则之一形成：

- 属于一个功能综合体（比如发动机）；
- 同时使用（比如在进近过程中）；
- 备用时间（应急情况、警告情况）。

（7）应急照明装置的布置应使机组人员从主要工位可见。警告照明装置以及中央信号灯（CSL）应布置在从相应机组人员的工位方便看到的视线中，这时允许改变头部的位置。

（8）CSL 和应急照明设备必须在主驾驶和副驾驶员的仪表板上完全相同地布置。允许将 CSL 放置在中间仪表板的上部。

8.6 带燃气涡轮发动机的动力装置和辅助动力装置（APU）的运行参数指示和信号设施

8.6.1 对动力装置工作参数指示和信号设施组成的要求

（1）为监控带有涡轮燃气发动机的动力装置的工作，除了 25.1305 之外，还必须有以下设施：

- 每台发动机超过允许振动水平的警报装置，如果这是确保发动机按发动机飞行手册规定的限制范围内运行。
- 超过了许可转子旋转频率的信号设施。
- 超出气体温度允许值的信号设施。
- 剩余储备燃油的信号设施。

- 滑油箱中剩余的最小滑油信号设施。
- 每个发动机滑油中出现细屑的信号设施,如果这是确保飞行中的发动机在发动机的操作手册(operation manual,OM)指定的限制范围内运行所必需的。
- 增压泵和输送泵,交叉供给和切断(消防)设备运行情况的信号设施。
- 每个发动机喘振的信号设施,如果这是确保发动机在飞行中和在地面上以发动机操作手册中指定的限制内运行所必需的。

(2)在配备涡轮螺旋桨发动机的飞机上,除了 25.1305 和 8.6.1(1)之外,还应为每台发动机配备自动顺桨系统的螺旋桨顺桨信号设施。

8.6.2 对 APU 工作参数指示和信号设施组成的要求

APU 工作参数指示和警报设施组成必须符合适用于 APU 的 25.1305 和 8.6.1(1)的要求。

8.6.3 指示和警报设施

除了 25.1305、8.6.1 和 25J1305 中规定的以外,飞机还必须配备动力装置和 APU 运行参数的指示和警报设施。如果这是确保发动机在飞行中以具体发动机(飞机)操作手册中指定的限制内运行所必需的。

8.6.4 故障供电

如果主电源断开或发生故障,必须通过应急电源为以下动力装置和辅助动力装置的指示和信号设施供电。

(1)在飞行中启动 APU 所必需的指示和信号设施,以及以下用于动力装置工作参数的信号设施:

- 动力装置中有火灾危险的舱室发生火灾和过热;
- 需要降低模式的发动机故障;
- 备用燃料余量;
- 反向装置的位置。

(2)如果在具体发动机和飞机上对这种情况还有特殊限制,则还有其他动力装置工作参数的指示和信号设施。

8.7 驾驶舱内警告装置

8.7.1 总则

(1)本节的要求适用于安装在飞机上的信号设施,该信号设施采用以下类型的信号设施向机组人员警告飞机状况：视觉、声音和触觉。

视觉信号设施借助于屏幕显示器、光信号设备、光信号开关（按钮灯）、闪光信号器、旗标（带）或机电显示帘来产生信号。

声音警报设施的目的是发出音调信号（如借助于警报器、铃、蜂鸣器）或语音信息。

触觉信号设施用于通过对皮肤和肌肉-关节受体的机械感受器起作用，将必要的信息传递给机组人员。

（2）安装在飞机上的驾驶舱内信号设施提供三类信息（信号）：紧急情况、警告和通知。信号类别的定义是基于出现特殊情况的可能性以及其危险程度，还有乘员从开始获得有关警报信息到可以预防或停止危险发展的反应时间 t_p。

● 作为接收的紧急警报，意味着飞机运动参数接近或达到使用限制的信号（例如 $\alpha_{доп}$、$n_{ymaxэ}$ 等），其响应时间 $t_p < 15$ s。

● 对于警告警报，假定可用响应时间为 $t_p \geqslant 15$ s。

● 通知类警报没有建议的反应时间 t_p。

8.7.2　一般要求

（1）警报系统应完成以下功能：

及时提请机组人员注意已发生的情况（已发生的事件）。为此，如有必要，使用以下具有强烈吸引力的信号：

● 不同音调、音色和持续时间的声音信号以及语音消息；

● 触觉信号；

● 以闪烁模式运行的光信号装置的信号。

为了表示所发生事情的含义，信号信息必须是确定的。为此，使用：

● 屏幕显示器上的文字；

● 屏幕显示器和光信号设备上的标识和符号；

● 触觉信号；

● 语音信息文本；

● 根据信号信息的优先级类别，在屏幕显示器上发出信号。

为有助于在这种情况下组织行动，使用：

● 屏幕显示器上的文本；

● 照明设备的提示和符号；

● 触觉信号；

● 语音消息文本；

● 取决于信号信息的类别，按优先级在屏幕显示器上发出信号。

（2）在环境条件下（驾驶舱中的噪声和振动、内部和外部通信交谈、照明条件等），必须确保在所有阶段和飞行模式下正确理解由警报装置提供的信息。

（3）不管是正常或特殊情况下，在所有阶段和飞行模式下向每个机组成员发出的警报信息的量应使能够及时了解发生的事件并决定采取的必要措施，以避免每个机组不必要的过度注意。

建议使用集成的信号信息，特别是在起飞和着陆模式下，以及用于动力装置和功能系统的监视。为了用一个参数对具体情况或故障引起注意并提供信息，建议同时使用不超过 3 个信号设备。在这种情况下，具有强烈吸引作用的视觉信号不应超过 1 个。

（4）视觉信号信息应该是向飞机机组人员发布信号信息的主要类型。声音和触觉信号以及语音信息应与视觉信号设备一起使用。

（5）至少有 2 名机组人员必须感知紧急警报信息。

（6）紧急警报信息、警告警报（如果可能）信息也应以经过处理的形式呈现，从而使机组免于执行逻辑操作。

● 当飞机的系统和附件处于可能导致起飞期间的情况比复杂飞行条件更为严重的情况时，应利用表征飞机未准备好起飞的信号。应该使用飞机未准备好着陆的信号，这些信号至少可以告知机组人员飞机的非降落构型。

（7）信号及其控制设备的构建必须避免机组人员在触发时可能会引起信号不能发出或接收的错误。不允许调节语音信号的音量。

（8）应该为机组人员提供监控所有进入警报系统的设备正常工作的能力。

（9）通过各种装置发出的信号信息必须通过选择标识和语音消息的文本以及所指示参数的值来相互协调（不应矛盾）。

（10）光信号设备和屏幕显示器上的标识和符号，以及语音通知设备（voice announcement equipment，VAE）发出的语音消息文本必须满足以下要求：

● 语音信息的内容应使工作人员对已发生的状况或事件性质的理解有唯一性；

● 应确保语音信息的措辞和构成短语的顺序以及光信号设备上相应的标识最大限度地一致。

（11）在不需要任何机组进行操作的特定飞行阶段，要锁定具有强烈吸引力的紧急警报信号。

8.7.3　对视觉警报的要求

（1）红色光警报灯仅用于紧急警报信息。黄色和琥珀色灯用于警告警报信息。绿色、蓝色（青色）和白色用于通知警报信息。建议使用绿色为有关系统或附件正常运行的信息。

建议蓝色（青色）用于：

● 提醒机组人员有关系统的临时开启和工作的信息；

● 在显示屏上显示机组人员排除故障或按照飞行手册在关键飞行状态下采取

行动的说明文字。

建议白色用于：

● 在控制面板和显示屏幕上附件和系统的名称以及刻度盘和显示器屏幕上的刻度名称；

● 机组人员动作的信息。

（2）警示灯必须清晰可见，并且不得对机组人员造成眩光。

（3）应该将照明装置的亮度从"白天"模式集中转为"夜间"模式，反之亦然，并且可以自动和/或手动执行，并可能在每个指示的模式中进行重新调整。在这种情况下，应具有排除将光信号的亮度无意地转到"夜间"模式的可能性的措施。不建议对紧急光信号调节亮度。允许调节机组人员工作区域的光信号亮度。

（4）紧急光信号、中央控制中心的分区信号板，以及在显示屏上的显示信号的符号应以闪烁的方式发出。光信号的操作闪烁模式应以 2 到 5 Hz 的频率进行。

（5）参数指示测量通道的故障或发布不可靠信息的故障应以明确而清晰地表征已发生事件的方式显示在显示屏上。为此，建议使用特殊符号，从显示屏上删除信息显示元素。

8.7.4　对声音警报的要求

（1）声音信号应以音频或语音消息形式在 200~4 000 Hz 的音频范围内发出。建议音频信号是由指定范围至少 2 个间隔频率组成。

（2）座舱中的音频信号必须足以准确地感知所发生事件或出现状态的特性。

（3）当同时发出 2 个音频信号时，应能将它们感知为 2 个单独信号，为此，在 8.7.4（1）指出的音调频率（频率组合）内，应提供它们的间隔以及相应的信号编码。

（4）对一个事件或情况的警报不允许同时发出语音和音频信号。

（5）对紧急信号，VAE 发出的信息至少重复 2 次。这时，当有来自传感器的信号时，应具有能断开和再次收听消息的能力。

（6）使用 VAE 发送信号信息时，文本不得超过 13 个单词。建议信息先报告机上发生了什么，然后是机组人员的行动。

8.7.5　对触觉警报的要求

（1）触觉信号装置（如果在飞机上使用）用于警告机组人员超出了飞行模式的使用限制。这时，安装在方向盘或舵上的触觉信号装置用于发出有关达到许可攻角（$\alpha_{\text{доп}}$）和/或最大正使用过载（$n_{\text{y maxэ}}$）的紧急信号。

（2）两名飞行员都必须感知到触觉信号。建议使用触觉显示器来指示方向盘所需的运动方向。

（3）触觉信号不应使人产生病感。

第9章

G 分部《使用限制和资料》对比分析

9.1 G 分部 AⅡ－25－9 和 CCAR－25－R4 各条款名称及内容同异性

《运输类飞机适航标准》G 分部《使用限制和资料》中,AⅡ－25－9 和 CCAR－25－R4 所包含的条款号、条款名称以及对应条款的内容同异性如表 9.1 所示。

表 9.1 G 分部 AⅡ－25－9 和 CCAR－25－R4
相应的条款号、名称与同异性

序号	AⅡ－25－9	CCAR－25－R4	内容是否相同
1	第 25.1501 条　总则	第 25.1501 条　总则	是
2	第 25.1503 条　速度限制:总则	第 25.1503 条　空速限制:总则	是
3	第 25.1505 条　最大使用限制速度	第 25.1505 条　最大使用限制速度	是
4	第 25.1507 条　机动速度	第 25.1507 条　机动速度	是
5	第 25.1511 条　襟翼/缝翼展态最大许可速度	第 25.1511 条　襟翼展态速度	是
6	第 25.1513 条　最小操纵速度	第 25.1513 条　最小操纵速度	是
7	第 25.1515 条　有关起落架的速度	第 25.1515 条　有关起落架的速度	是
8	第 25.1516 条　其他速度限制	第 25.1516 条　其他速度限制	是
9	第 25.1517 条　颠簸气流速度 V_{RA}	第 25.1517 条　颠簸气流速度,V_{RA}	是

序号	AΠ－25－9	CCAR－25－R4	内容是否相同
10	第 25.1519 条　重量、重心和载重分布	第 25.1519 条　重量、重心和载重分布	是
11	第 25.1521 条　动力装置限制	第 25.1521 条　动力装置限制	否
12	第 25.1522 条　辅助动力装置限制	第 25.1522 条　辅助动力装置限制	是
13	第 25.1523 条　最小飞行机组	第 25.1523 条　最小飞行机组	是
14	第 25.1525 条　运行类型	第 25.1525 条　运行类型	是
15	第 25.1527 条　周围大气温度和使用高度	第 25.1527 条　周围大气温度和使用高度	否
16	第 25.1529 条　持续适航文件	第 25.1529 条　持续适航文件	是
17	第 25.1531 条　机动飞行载荷系数	第 25.1531 条　机动飞行载荷系数	是
18	第 25.1533 条　附加使用限制	第 25.1533 条　附加使用限制	否
19		第 25.1535 条　ETOPS 批准	否
20	第 25.1541 条　总则	第 25.1541 条　总则	否
21	第 25.1543 条　仪表标记：总则	第 25.1543 条　仪表标记：总则	否
22	第 25.1545 条　速度限制信息	第 25.1545 条　空速限制信息	是
23	第 25.1547 条　磁航向显示器	第 25.1547 条　磁航向指示器	否
24	第 25.1549 条　动力装置和辅助动力装置仪表	第 25.1549 条　动力装置和辅助动力装置仪表	是
25	第 25.1551 条　滑油油量显示器	第 25.1551 条　滑油油量指示器	是
26	第 25.1553 条　燃油油量表	第 25.1553 条　燃油油量表	是
27	第 25.1555 条　操纵器件标记	第 25.1555 条　操纵器件标记	是
28	第 25.1557 条　其他标记和标牌	第 25.1557 条　其他标记和标牌	否

序号	AΠ－25－9	CCAR－25－R4	内容 是否相同
29	第 25.1561 条　安全设备	第 25.1561 条　安全设备	是
30	第 25.1563 条　许用速度标牌	第 25.1563 条　空速标牌	是
31	第 25.1581 条　总则	第 25.1581 条　总则	是
32	第 25.1583 条　使用限制	第 25.1583 条　使用限制	是
33	第 25.1585 条　使用程序	第 25.1585 条　使用程序	是
34	第 25.1587 条　飞机飞行性能资料	第 25.1587 条　性能资料	是
	总条数：33	总条数：34	

从表 9.1 可以看出,在 G 分部《使用限制和资料》中,AΠ－25－9 共有 33 条,CCAR－25－R4 有 34 条,其中内容相同的有 26 条,其余条款内容有差异,下面将对这些有差异的条款逐一进行对比分析。

9.2　G 分部中 AΠ－25－9 和 CCAR－25－R4 有差异条款的对比分析

第 25.1521 条　动力装置限制

该条款 AΠ－25－9 和 CCAR－25－R4 的(a)(c)点相同,AΠ－25－9 的(b)点为[备用],CCAR－25－R4 的(b)点为活塞发动机装置。

如前所示,AΠ－25－9 删除了所有与活塞发动机装置相关的内容。

第 25.1527 条　周围大气温度和使用高度

该条款 AΠ－25－9 和 CCAR－25－R4 的表述有差别。

AΠ－25－9：

必须制定受飞行性能、稳定性和操作性、强度特性、动力装置特性以及系统和设备性能叠加限制所允许运行的最大周围大气温度范围和最大高度。

CCAR－25－R4：

必须制定受飞行、结构、动力装置、功能或设备的特性限制所允许运行的最大周围大气温度和最大高度。

两者的差别在于 AΠ-25-9 中受稳定性和操作性限制。

第 25.1533 条 附加使用限制

该条款 AΠ-25-9 和 CCAR-25-R4 的(a)、(b)点相同,但 AΠ-25-9 中还有(c)点。

AΠ-25-9:

(c) 对于按照 25.1420(a)(1)或(a)(2)审定的飞机,必须确定以下运行限制:

(1) 禁止在审定过程中未证明能安全运行的本规章附件 O 规定的结冰条件下有意飞行,包括起飞和着陆;和

(2) 进入在审定过程中未证明能安全运行的本规章附录 O 规定的结冰条件且离开结冰区的要求。

AΠ-25-9 增加的(c)点对按照 25.1420(a)(1)或(a)(2)点审定的飞机给出了附加的运行限制。

第 25.1541 条 总则

本条款中,AΠ-25-9 和 CCAR-25-R4 各有(a)、(b)点,但 AΠ-25-9 在(b)(2)后又增加了(1*),具体内容如下。

AΠ-25-9:

(1*) 与飞机组成部分(主要是配件、导管、电缆和接头)与结构组合时,在维护和维修过程中应尽量降低所列举结构件的错误拆卸、安装和/或调整的可能性。

AΠ-25-9 增加的(1*)要求通过标记和标牌来尽量降低构件错误拆卸、安装和/或调整的可能性。

第 25.1543 条 仪表标记:总则

本条款中,AΠ-25-9 和 CCAR-25-R4 的(a)点完全相同,但(b)点有区别,具体内容如下。

AΠ-25-9:

(b) 所有弧线和直线必须足够宽,并且必须放置在适当的位置,以便飞行员可以清楚地看到。

CCAR-25-R4:

(b) 每一仪表标记必须使相应机组人员清晰可见。

可以看出,AΠ-25-9(b)点详细规定了仪表标记的宽度和位置。

第 25.1547 条 磁航向显示器

本条款中,AΠ-25-9 和 CCAR-25-R4 的(a)、(c)点完全相同,但(b)点不

一样,具体内容如下。

　　AΠ - 25 - 9:

　　(b) 所有仪表标志必须使机组人员清晰可见。

　　CCAR - 25 - R4:

　　(b) 标牌必须标明在发动机工作的平飞状态该仪表的校准结果。

　　可以看出,AΠ - 25 - 9 要求仪表标志清晰可见,而 CCAR - 25 - R4 要求仪表标明的结果。

第 25.1557 条　其他标记和标牌

　　本条款中,AΠ - 25 - 9 的(b)(1)(ii)为[备用],而 CCAR - 25 - R4 的(b)(1)(ii)为"最低燃油品级(对活塞发动机)"。

　　如前所示,AΠ - 25 - 9 删除了所有与活塞发动机装置相关的内容。

第 **10** 章

AΠ‑25‑9 J 分部《辅助动力装置》

该分部也是 AΠ‑25‑9 特有的分部,CCAR‑25‑R4 无此分部。

10.1　总则

第 25J901 条　辅助动力装置

(a) 与此分部的部分,辅助动力装置(APU)包括:

(1) APU 发动机——AE(auxiliary engine);

(2) 对 APU 的控制有影响的各个结构要素;

(3) 对 APU 的安全性有影响的每个结构元件。

(b) 为本节的目的:

(1) "主要的"APU 定义为飞机起飞和/或确保飞机安全持续飞行所需的 APU。

(2) "次要"APU 定义为在地面或飞行中提供一定便利并且可以在不危及飞机安全运行的情况下关闭的 APU。

(c) 对于每个 APU:

(1) 其安装必须满足:

(i) 航空规章航空发动机部第 1 节(c)(1)点规定的安装、操作文件,以及

(ii) 本节中有关"次要"APU 的某些规定,或

(iii) 本节对"主要的"APU 的某些规定。

(2) 安装的各部件其构造、布置和安装必须保证在正常检查或翻修的间隔期内能继续保持安全运转;

(3) 其安装必须是可达的,以进行必要的检查和维护;和

(4) 安装的主要部件必须与飞机其他部分电气搭接。

（d）APU 必须符合 25.1309 的要求,但下列事件的后果除外,它们不需要符合第 25.1309(b)条:

（1）发动机内部出现烧穿其机体的火焰;和

（2）AP 高压转子的非局部破坏。

第 25J903 条　辅助动力装置

（a）每个 APU 发动机必须满足飞机发动机航空规章的要求,并考虑到其在飞机上的应用:

（1）"主要":第 1 类 APU;

（2）"次要":1 类或 2 类 APU。

（b）［备用］。

（c）AP 转速控制和关闭的可能性。

（1）在正常和紧急情况下,必须能够从驾驶舱关闭 AP。

（2）如果 AP 的持续旋转可能危及飞机的安全,则必须有停止发动机转子旋转的措施。位于 APU 舱内的制动系统的每个组件都必须至少具有防火性。

（d）对于辅助动力装置:

（1）在设计中必须采取措施,将在 APU 发动机转子非局部故障或发动机内部产生火焰并烧穿其外壳时对飞机产生的危害降至最小;

（2）与发动机控制装置、系统和仪表相关的辅助动力装置系统的设计必须确保在运行中不会超过这些发动机运行限制,违反这些限制会对涡轮转子的强度产生不利影响。

（e）重新启动的能力。

（1）对于可在飞行中启动的"次要"APU 和所有"主要"APU:

（ⅰ）必须提供使飞行中的发动机启动装置,并且

（ⅱ）必须申请并证明飞机飞行中重启发动机的高度和空速范围。

（2）对于"主要"APU:必须在冷却的 APU 舱证明满足 25J903(e)(1)(ⅱ)中规定的条件,同时考虑到根据航空发动机使用手册的滑油温度。

第 25J939 条　运行性能

（a）应研究发动机在飞行中的工作特性,以明确所有飞机运行条件,以确认在发动机使用限制范围内的正常和应急使用期间,发动机上不会出现达到危险程度的不利特性(如失速、喘振或熄火)。

（b）［备用］。

（c）APU 进气系统不得由于气流畸变的影响而引起有害于发动机零件上的振动载荷。

(d) 必须确定在申请认证的整个运行条件范围内,APU 的振动条件不超过根据飞机发动机航空规章第 6.18 点确定的临界频率和振幅。

第 25J943 条　负过载

当飞机在第 25.333 条规定的飞行包线内作负过载飞行时,辅助动力装置,或者与辅助动力装置有关的任何部件或系统不得出现危险的故障。必须按预计的负加速度最长持续时间表明满足上述要求。

10.2　燃油系统

第 25J951 条　总则

(a) 燃油系统的构造和布置,在每种很可能出现的运行情况下,包括申请审定的飞行中允许辅助动力装置工作的任何机动飞行,必须保证辅助动力装置以正常工作所需的流量和压力向其供油。

(b) 对于"主要"APU:

每个燃油系统的布置,必须使进入系统的空气不会导致发动机熄火。

(c) 对于"主要"APU:

每个带有"主要"APU 的飞机燃油系统必须能在其整个流量和压力范围内持续工作:燃油先在 27℃时用水饱和,并且每 1 升燃油含有所添加的 0.2 毫升游离水,然后冷却到在运行中很可能遇到的最临界结冰条件。

第 25J952 条　燃油系统测试与分析

(a) 必须采用适航当局认为必要的分析手段和试验来表明燃油系统在各种可能的运行条件下功能正常。如果需要进行试验,则试验时必须使用飞机燃油系统或能复现燃油系统被试部分工作特性的试验件。

(b) 对于以燃油作为工作液的任何热交换器,其很可能发生的失效不得造成危险情况(紧急情况)。

第 25J953 条　燃油系统独立性

每个 APU 燃油系统必须提供:

(a) 系统向发动机的供油,能够不涉及该系统向其他主要发动机供油的任何部分;

(b) 如果提供隔离装置以隔离 APU 燃油系统,则与主发动机燃油系统隔离。

第 25J955 条　发动机供油

(a) 在每个预期运行模式和机动中,每个燃油系统必须提供至少 100% 的 APU

所需的燃油输送率。应证明：

（1）向发动机供油时,燃油压力必须在发动机型号合格证规定的限制范围以内；

（2）对于"主要"APU：

（i）测试时,所考虑的油箱中的燃油量不得超过根据第 25.959 条的要求为该油箱指定的不可用燃油的值,加上证明符合本条要求的燃油量；

（ii）每个主燃油泵必须能够为证明符合本条的每个飞行模式和姿态供油,并且相应的应急泵必须能够处于更换主泵的状态；

（iii）如果有流量计且流量计堵塞,燃油必须能自由流过流量计,或通过旁路通道。

（b）对于"主要"APU：如果 APU 发动机可以从多个油箱中供油,则燃油系统除了适当的手动切换外,还必须有一个装置,以防止在没有机组人员参与的情况下中断该发动机的燃油供应。如果在正常运行期间供应该发动机的任何油箱中的燃油耗尽,通常仅向该发动机提供燃油的任何其他油箱中有可用的备用燃油。

第 25J961 条　燃油系统在高温下工作

对于"主要"APU：

（a）APU 燃油系统在热气候条件下运行时,燃油系统必须工作良好。为验证满足此要求,必须表明在预定的所有运行条件下,燃油系统从油箱出口起到每台发动机的每段,都经增压而能防止形成油气。否则,必须用爬升来验证,即从申请人选定机场高度爬升到按第 25J1527 条制定为使用限制的最大高度。APU 必须在最极限形成蒸汽条件下工作,但不能超过其最大负载条件。

如果对 AP 的燃料供应依赖于同时向主发动机提供燃料的泵,则主发动机应以最大连续负荷运行。飞行前的燃油温度必须至少为 45℃。除此之外,对于飞机可用的牌号,燃料必须具有尽可能高的饱和蒸汽压。

（b）本条（a）规定的试验可以在飞行中进行,也可模拟各种飞行条件在地面进行。如果进行飞行试验时的气候冷到足以影响试验正确实施,则受冷空气影响的燃油箱表面、燃油管路以及燃油系统的其他零部件,必须绝热,以尽可能模拟热气候条件下的飞行。

第 25J977 条　燃油箱出油口

对于"主要"APU：

（a）燃油箱出油口必须装有防护网。该滤网能阻止可能造成限流或损坏燃油系统任何部件的杂物通过。

（b）每个燃油箱出油口滤网的流通面积,必须至少是从油箱到发动机出油口管路流通面积的 5 倍。

（c）每个滤网的直径，必须至少等于燃油箱出油口直径。

（d）每个滤网必须便于检查和清洗。

第 25J991 条　　燃油泵

对于"主要"APU：

（a）主泵。为主要 APU 发动机正常运转所需的或满足本分部燃油系统要求所需的燃油泵即为主燃油泵［本条（b）要求的除外］。

每个正排量式主燃油泵必须具有旁路设施，批准作为辅助发动机的组成部分。

（b）应急泵。必须具有应急泵或附加的主泵，在任一主油泵（批准作为辅助发动机的组成部分）失效后，能立即向"主要"辅助发动机供油。

第 25J993 条　　燃油系统导管和接头

（a）每根燃油导管的安装和支承，必须能防止过度的振动，并能承受燃油压力及加速度飞行所引起的载荷。

（b）连接在可能有相对运动的飞机部件之间的每根燃油导管，必须用柔性连接。

（c）燃油管路中可能承受压力和轴向载荷的每一柔性连接，必须使用软管组件。

（d）软管必须经过批准，或必须表明适合于其特定用途。

（e）暴露在高温下可能受到不利影响的软管，不得用于在运行中或发动机停车后温度过高的部位。

（f）机身内每根燃油导管的设计和安装，必须允许有合理程度的变形和拉伸而不漏油。

第 25J994 条　　燃油系统组件

必须对辅助发动机短舱进行保护，以防止在有铺面的跑道上起落架收起着陆时，燃油溢出量足以造成起火的损坏。

第 25J995 条　　燃油阀

除了满足第 25J1189 条对切断措施的要求外，每个燃油阀必须以这样的方式固定，使得阀门工作时或以过载飞行时的载荷不传到与阀门相连的管道上，如果管道或连接处没有形成紧固条件以确保能够承受这些载荷。

第 25J997 条　　燃油滤

对于"主要"APU：

燃油箱出油口与燃油计量装置入口,或与发动机传动的正排量泵入口(两种入口中取距油箱出口较近者)之间,必须设置满足下列要求的燃油滤网或燃油滤。该燃油过滤器或滤网必须:

(a) 便于放液和清洗,且必须有易于拆卸的网件或滤芯;

(b) 具有沉淀槽和放液嘴。如果滤网或油滤易于拆卸进行放液,则不需设置放液嘴;

(c) 安装成不由相连导管或滤网(或油滤)本身的入口(或出口)接头来承受其重量,除非导管或接头在所有载荷情况下均具有足够的强度余量;

(d) 具有足够的滤通能力(根据发动机的使用限制),以便在燃油脏污程度(与污粒大小和密度有关)超过有关适航标准对发动机所规定的值时,保证发动机燃油系统的功能不受损害。

10.3　滑油系统

第 25J1011 条　一般规定

(a) 每台发动机必须有独立的滑油系统,在不超过安全连续运转温度值的情况下,能向发动机供给适量的滑油。

(b) 可用滑油量不得小于飞机在临界运行条件下的续航时间与同样条件下批准的发动机最大允许滑油消耗量的乘积,加上保证系统循环的适当余量。

第 25J1017 条　滑油导管和接头

(a) 每条滑油导管必须满足第 25J993 条的要求,而在指定火区内的滑油导管和接头还必须满足第 25J1183 条的要求。

(b) 发动机通气管必须按下列要求布置:

(1) 可能冻结和堵塞管路的冷凝水蒸气不会聚积在任何一处;

(2) 在出现滑油泡沫或由此引起排出的滑油喷溅到驾驶舱风挡上时,通气管的排放物不会构成着火危险;

(3) 通气管不会使排放物进入发动机进气系统。

第 25J1019 条　滑油滤

在发动机润滑系统中安装了过滤器的地方,所有滑油都通过该过滤器,其构造和安装必须使得在该滤网或油滤完全堵塞的情况下,滑油仍能以正常的速率流经系统的其余部分。要求有旁路阀打开的警告指示。

第 25J1021 条　滑油排放装置

滑油系统中应设置排放装置,以确保滑油从系统中安全排出。它们应该:

(a) 可达;

(b) 有手动或自动的机构,能将其可靠地锁定在关闭位置。

第 25J1023 条　滑油热交换器

每个滑油散热器必须能承受在运行中可能遇到的振动、惯性以及滑油压力载荷而不损坏。

第 25J1025 条　滑油阀

(a) 每个滑油阀在切断滑油时必须满足第 25J1189 条的要求。

(b) 每个滑油阀在"打开"和"关闭"位置处,均必须有确实的止动或合适的指示标志。滑油阀的支承,必须使其工作时或在加速度飞行情况下所产生的载荷不会传给与阀门相连的导管(如果其支承条件不能承受这些载荷)。

10.4　冷却

第 25J1041 条　总则

在地面、水面和空中运行条件下以及在辅助动力装置正常停车后,辅助动力装置的冷却设施,必须能使辅助动力装置部件和所用的液体温度,均保持在对这些部件和液体所制定的温度限制以内。

第 25J1043 条　冷却试验

(a) 总则。必须在地面、水面和空中的临界运行条件下进行试验,以表明满足第 25J1041 条的要求,对于这些试验,采用下列规定:

(1) 如果测试是在不同于最高大气环境温度条件下进行的,那么记录的 APU 温度必须按照本条(c)点进行修正。如果在偏离最高外界大气温度的条件下进行试验,则必须按本条(c)点修正所记录的动力装置温度;

(2) 根据本条(a)(1)所确定的修正温度,不超过制定的限制。

(b) 大气环境温度。海平面的最高大气环境温度应根据飞机的预期运行条件取值,但不得低于38℃。假设海拔每升高 1 000 m,垂直温度梯度为−6.5℃,直到温度达到−56.5℃。在此高度之上,温度假定为恒定并等于−56.5℃。

(c) 温度校正。对于规定了温度限制的发动机所用的液体和辅助动力装置部件,其温度必须进行修正,修正方法为:此温度加上最高外界大气温度与外界空气温度(冷却试验中所记录的部件或液体最高温度首次出现时的外界空气温度)的差值,如果采用更合理的修正方法则除外。

第 25J1045 条　冷却评估测试方法

(a)必须按相应于有关飞行性能要求来表明符合第 25J1041 条对极限条件的要求。进行冷却试验时,飞机的形态和运行条件均必须取每一飞行阶段中对于冷却是临界的情况。对于冷却试验,当温度变化率小于每分钟 1.0℃ 时,则认为温度已达到稳定。

(b)在从其过渡到每个所研究的飞行阶段的条件下,温度必须稳定,除非过渡条件是发动机及其部件中的液体温度通常已经稳定的那些条件。在这种情况下,必须在完成向所研究的飞行阶段的过渡之前飞行整个过渡条件范围,以便在过渡时温度可以达到自然水平。在拟试验的每一飞行阶段前的进入状态下,温度必须达到稳定,除非动力装置部件和发动机所用的液体温度在进入状态下通常不能达到稳定。对此情况,在拟试验的飞行阶段前,必须通过整个进入状态下的运转,使得在进入时温度达到其自然水平。

(c)每一飞行阶段的冷却试验必须连续进行,直到:

(1)发动机部件和液体的温度稳定;

(2)飞行阶段的结束;或

(3)达到使用限制值。

10.5　进气和排气系统

第 25J1091 条　进气

辅助发动机进气系统:

(a)在申请合格审定的每种运行条件下,必须能够提供所需的空气量。

(b)不得从 APU 舱或其他舱排气,除非用防火隔板将发动机进口与 APU 单元舱和发动机舱隔开。

(c)必须有措施防止由可燃液体系统的放液嘴、通气口或其他部件漏出或溢出的危险量液体进入。

(d)必须设计成能防止跑道、滑行道或机场其他工作场地上危险量的水或泥进入。

(e)进气道的位置必须使其在起飞、着陆和滑行过程中吸入外来物的程度减至最小。

第 25J1093 条　进气系统的防冰保护

（a）每个"次要"APU 的使用，其进气系统，包括滤网，如不符合 25J1093（b）的要求，将被限制在无冰条件下飞行，除非证明：配备进气系统的 APU，可在本规章附录 C、O 和 R 规定的结冰条件下使用，而不会对航空器的安全运行产生不利影响。

（b）对于"主要"辅助动力装置：

带有正常工作的所有防冰系统的每个"主要"辅助动力装置，包括滤网，如采用，必须：

（1）在本规章附录 C、O 和 P 规定的结冰条件下，在整个飞行模式范围内运行，以及在降雪和暴风雪条件下，在为此类条件下飞机运行所规定的限制范围内，在 APU 部件、进气系统或机身部件上不会积聚冰量，足以：

（i）对 APU 的运行产生不利影响，或导致功率显著降低，或气体温度升高到不可接受的程度，或机体与 APU 不兼容；

（ii）造成不可接受的短时间功率损失或发动机损坏；或者

（iii）导致 APU 气流分离、喘振、熄火（自动关机）或 APU 失控（例如，返回到上一个模式）。

（2）在第 25.1093（b）（2）条表中规定的结冰条件下，在地面上工作至少 30 分钟，除非用类似的更关键的相似测试条件代替。应证明这些条件在其临界条件下具有可用的防冰保护（如果适用），且没有不利影响。如果需要，申请人必须书面记录验证的 APU 的最低环境工作温度，并规定飞机运行限制。

第 25J1103 条　进气系统管道

（a）进气系统的每个管道必须：

（1）必须有放液嘴，以防在地面姿态时燃油和水汽积聚到危险程度。放液嘴不得在可能引起着火危险的部位放液。

（2）必须用不会吸收或积存危险量可燃液体的材料来制造。

（b）每个管道应该：

（1）设计成能防止由于航空发动机的回流、涌流或进气门关闭而导致的进气系统故障。

（2）辅助发动机进气系统管道必须在辅助动力装置舱上游足够长的一段距离上，必须是防火的，以防止热燃气回流烧穿辅助动力装置管道并进入飞机的任何其他隔舱或区域。

用于制造进气系统管道其他部分和辅助动力装置进气增压室的材料，必须能经受住很可能出现的最热状态。

（c）连接在可能有相对运动的部件之间的每根进气管道,必须采用柔性连接。

第 25J1106 条 空气导管系统

（a）接受供气服务的从发动机与排气源和飞机部件之间的任何点,排气管的破坏不应造成危险。

（b）连接在可能有相对运动的部件之间的每根进气管道,必须采用柔性连接。

（c）当空气从辅助发动机和主发动机输送到飞机空气系统总管时,必须采取措施,将由于系统中任何元件故障引起的通过辅助发动机的反向气流造成的危险可能性降到最低。

10.6 排气系统

第 25J1121 条 总则

（a）每个排气系统必须能够安全地排放废气,而不会导致任何人员和乘客舱内的空气发生火灾或一氧化碳污染的风险。为了进行测试,可使用任何可接受的一氧化碳检测方法,来表明不存在一氧化碳。

（b）表面温度足以点燃可燃液体或蒸汽的每个排气系统零件,其安置或屏蔽必须使得任何输送可燃液体或蒸汽系统的泄漏,不会由于液体或蒸汽接触到排气系统(包括排气系统的屏蔽件)的任何零件引起着火。

（c）APU 舱的每个可能受到热废气作用或由于靠近排气系统部件而受到高温作用的部件必须由防火材料制成。排气系统的所有部件必须用防火隔板与位于辅助发动机舱外的相邻飞机部分隔开。

（d）排放废气的引出方式必须保证在排液口或含有易燃液体的排放系统不会发生火灾。

（e）［备用］。

（f）所有排气系统部件均必须通风,以防止局部过热。

（g）各排气管罩必须通风或绝热,以免在正常运行中温度高到足以点燃排气管罩外的任何可燃液体或蒸汽。

第 25J1123 条 排气管

（a）排气管必须是耐热和耐腐蚀的,并且必须有防止热膨胀引起损坏的设施。

（b）排气管的支承,必须能承受运行中会遇到的任何振动和惯性载荷。

（c）连接在可能有相对运动的部件之间的排气管,必须采用柔性连接。

10.7 APU 的操纵器件和附件

第 25J1141 条 APU 的操纵器件

（a）驾驶舱内必须有起动、停车和应急关断每台机载辅助发动机的设施。每个操纵器件必须：

（1）符合第 25.777 至 25.781 条的规定，并按第 25.1555 条的要求做标记；

（2）其位置必须保证不会由于人员进出驾驶舱或在驾驶舱内正常活动而使其误动；

（3）必须能保持在任何给定的位置而不需飞行机组成员经常注意，并且不会由于操纵载荷或振动而滑移；

（4）须具有足够的强度和刚度，能承受工作载荷而不失效和没有过度的变形；

（5）柔性操纵器件必须经过批准，或必须表明适合于特定用途。

（b）位于驾驶舱内的辅助发动机控制阀必须：

（1）对于手动控制旋钮（阀），在停止位置有可靠的限制器，如果是燃油旋钮，应有对应的打开和关闭位置的指示装置；

（2）对于伺服旋钮（阀），应有向机组成员指示旋钮（阀）处于完全打开或完全关闭位置的装置。无须指示阀门在完全打开和完全关闭位置之间的移动。

（c）为确保 APU 在自动状态下运行，必须：

（1）具有在以下情况下自动关闭 AE 的措施：

（i）超过任何 AE 限制或在 AE 运行期间存在可识别的危险情况；

（ii）位于 AE 和飞机排气通道之间有排气通道故障，除非证明不会危及航空器。

（2）在 APU 舱发生火灾时具有根据第 25J1189 条的自动关闭易燃液体供给的装置。

（d）位于驾驶舱外在飞机上的，并在驾驶舱操纵器件之外使用的 APU 操纵器件必须符合下列要求：

（1）每个操纵器件的位置必须避免被进入、离开或正常移动控制区域的人员意外使用的可能性；

（2）每个操纵器件必须保持在任何给定的位置，并且不会在其位置发生的振动或负载的作用下移动。

（e）在指定火区发生火灾时需要操作的每个 APU 操纵器件必须至少具有耐火性。

第 25J1163 条 APU 附件

（a）每个安装在发动机上的附件必须：

（1）经过批准允许其安装在发动机上；

（2）必须利用发动机上的设施进行安装；

（3）必须是密封的，以防止污染发动机滑油系统和附件系统。

（b）易产生电弧或火花的电气设备，其安装必须使接触可能呈自由状态的可燃液体或蒸汽的概率减至最小。

（c）对于"主要"APU：

由 APU 发动机驱动的附件，如果在发生故障后继续转动会造成危害，则必须有措施防止其继续转动，而不影响 AE 继续运转。

第 25J1165 条　APU 发动机点火系统

APU 发动机的每个点火系统必须独立于所有其他不用于确保该系统运行、控制或运行分析的电路。

10.8　辅助动力装置的防火

第 25J1181 条　指定火区的范围

（a）任何辅助发动机舱是指定火区的范围。

（b）根据本节（a）点指定的火区的范围，必须满足第 25J1185 至 25J1203 条的要求，并且没有由镁合金或其他其燃烧不能被机上灭火系统中止的结构件（经认证为发动机组成部分元件除外）。

第 25J1183 条　管道、接头和组件

（a）除本条（b）规定之外，在易受发动机着火影响的区域内输送可燃液体的每一导管、接头和其他组件，以及在指定火区内输送或容纳可燃液体的每一组件，均必须是耐火的，但是指定火区内的可燃液体箱和支架必须是防火的或用防火罩防护，如果任何非防火零件被火烧坏后不会引起可燃液体渗漏或溅出则除外。上述组件必须加防护罩或安置能防止点燃漏出的可燃液体。

（b）本条（a）不适用于下列情况：

（1）已批准作为型号审定合格的发动机一部分的导管、接头和组件；

（2）破损后不会引起或增加着火危险的通风管和排放管及其接头。

（c）在指定火区内的所有结构元件，包括空气管道，由于火灾损坏可能导致火势蔓延到飞机的其他区域，必须是防火的。那些位于指定火区内并可能导致意外操作或主要设备无法运行或干扰执行责任行动的结构件必须是防火的。

第 25J1185 条　可燃液体

（a）装有可燃液体或气体的系统一部分的油箱或容器,不得安置在指定火区内,除非所装的液体、系统的设计、油箱所采用的材料、切断装置以及所有的连接件、导管和控制装置所提供的安全度与油箱或容器安置在该火区外的安全度相同。

（b）每个油箱或容器与每一防火墙或用于隔开指定火区的防火罩之间,必须有不小于 13 mm 的间隙。除非采用等效措施来防止热量从指定火区传到易燃液体。

（c）位于可能渗漏的可燃液体系统组件近旁的吸收性材料,必须加以包覆或处理,以防吸收危险量的液体。

第 25J1187 条　火区的排液和通风

（a）指定火区的每个部位必须能完全排放积存的油液,使含有可燃液体的任何组件失效或故障而引起的危险减至最小。

排放措施应:

（1）在经常遇到的条件下需要排放时要有效;

（2）必须布置成使放出的液体不会增加着火危险。

（b）每一指定的火区必须通风,以防可燃蒸汽聚积。

（c）通风口不得设置在其他火区的可燃液体、蒸汽或火焰会进入的部位。

（d）每一通风措施必须布置成使排出的蒸汽不会增加着火危险。

（e）必须有措施使机组能切断通向任何火区的强迫风源,如果灭火剂剂量和喷射率是以通过该火区的最大空气流量为依据的则除外。

第 25J1189 条　切断装置

（a）25J1181（a）中规定的每个 APU 舱都必须有措施,用来切断（或其他措施）燃油、滑油、除冰液以及其他可燃液体,或者防止危险量的上述液体流入或在其中流动。如果出现以下情况,则不需要切断装置:

（1）与发动机组成一体的导管、接头和组件;

（2）对于 APU 滑油系统,其系统的所有外部部件,包括滑油箱,都是防火的。

（b）任何一台 APU 的燃油切断阀的关闭,不得中断对其余发动机的供油。

（c）任何切断动作不得影响其他设备以后的应急使用。

（d）可燃液体的切断装置和控制装置必须是防火的,或者必须安置和防护使火区内的任何着火不会影响其工作。

（e）切断装置关闭后,不得有危险量的可燃液体排入任何指定火区。

（f）必须有措施防止切断装置被误动,并能使机组在飞行中重新打开已关闭的切断装置。

（g）每个 APU 切断阀的安装位置必须使 AE 安装的结构破损不会影响该阀工作。

（h）每个切断阀必须具有释放聚积过大压力的措施，如果系统中另有释压措施则除外。

第 25J1191 条　防火墙

（a）每个指定的 APU 火区必须用防火墙、防火罩或其他等效设施与飞机的其他部分隔离。

（b）每个防火墙和防火罩必须：

（1）是防火的；

（2）其构造必须能防止危险量的空气、液体或火焰从该隔舱进入飞机的其他部分；

（3）其构造必须使每一开孔都用紧配合的防火套圈、衬套或防火墙接头进行封严；

（4）必须防腐蚀。

第 25J1193 条　APU 舱

（a）APU 舱的每个部件的构造和支承，必须使其能承受在运行中可能遇到的任何振动、惯性和空气载荷。

（b）每个舱必须符合第 25J1187 条的排液和通风要求。

（c）［备用］。

（d）由于靠近排气系统部件或暴露于废气、暴露于高温的舱室的每个部分必须是防火的。

（e）每架飞机必须：

（1）其设计和制造使在任何指定的 APU 火区内出现的着火不能通过开口或烧穿外蒙皮而进入其他任何火区或会增加危险的区域；

（2）在起落架收起时（如果适用），应满足本条（e）（1）的要求；并

（3）在 APU 舱内着火时经受火焰的区域应使用防火蒙皮。

第 25J1195 条　灭火系统

（a）为 APU 的维修必须提供灭火系统。

（b）APU 灭火系统、灭火剂剂量、喷射速率和喷射分布必须足以灭火。必须通过真实的或模拟的飞行试验来表明，在飞行中临界的气流条件下，每一指定火区内灭火剂的喷射，可提供能熄灭该火区内的着火并能使复燃的概率减至最小的灭火

剂密集度。对于 APU 舱室,可以使用单独的"一次喷射"式灭火系统。

(c) APU 舱的灭火系统必须能够同时对被防护舱的每一火区进行防护。

第 25J1197 条　灭火剂

(a) 灭火剂必须:

(1) 能够熄灭在灭火系统保护的区域内任何液体或其他可燃材料燃烧时的火焰;

(2) 对于贮放灭火剂的舱内可能出现的整个温度范围,均具有热稳定性。

(b) 如果使用任何有毒的灭火剂,必须采取措施防止有害密集度的灭火液或其蒸气(飞机正常运行中渗漏的,或者在地面或飞行中灭火瓶喷射释放的)进入任何载人舱(即使灭火系统中可能存在缺陷)。对于此要求必须用试验来表明。

第 25J1199 条　带灭火剂的灭火瓶

(a) 每个灭火瓶必须备有释压装置,防止内压过高而引起容器爆破。

(b) 从释压接头引出的每根排放管的排放端头,其设置必须使放出的灭火剂不会损伤飞机。该排放管还必须设置和防护得不致被冰或其他外来物堵塞。

(c) 对于每个灭火瓶必须设有指示措施,指示该灭火瓶已经喷射或其充填压力低于正常工作所需的最小规定值。

(d) 在预定运行条件下,必须保持每个灭火瓶的温度,以防出现下列情况:

(1) 容器中压力下降到低于提供足够喷射率所需的值;

(2) 容器中压力上升到足以引起过早喷射。

(e) 如果采用爆炸帽来喷射灭火剂,则每个灭火瓶必须安装得使温度条件不致产生爆炸帽工作性能危险的恶化。

第 25J1201 条　灭火系统材料

(a) 任何灭火系统的材料不得与任何灭火剂起化学反应以致产生危害。

(b) APU 舱位于指定火区内的每个灭火系统部件必须是防火的。

第 25J1203 条　火灾探测系统

(a) 在 APU 的每个舱内应安装经批准的、快速动作的火警或过热探测器。其数量和位置要保证能迅速探测火警。

(b) 每个火警探测系统的构造和安装必须:

(1) 能承受运行中可能遇到的振动、惯性和其他载荷;

(2) 装有警告装置,一旦指定火区的传感器或有关导线在某一处断开时,能向机组报警,如果该系统在断开后仍能作为满足要求的探测系统继续工作则除外;

（3）装有警告装置,一旦指定火区内的传感器或有关导线短路时,能向机组报警,如果该系统在短路后仍能作为满足要求的探测系统继续工作则除外。

（c）火警或过热探测器不得受到可能出现的任何油、水、其他液体或气体的影响。

（d）必须有手段使机组在飞行中能检查每个火警或过热探测器电路的功能。

（e）火区内每个火警或过热探测系统的部件必须是耐火的。

（f）任何火区的火警或过热探测系统的部件不得穿过另一火区,但具备下列条件之一者除外:

（1）能够防止由于所穿过的火区着火而发生假火警的可能性;

（2）所涉及的火区是由同一探测器和灭火系统同时进行防护的。

（g）火警探测系统的构造,必须使得当其处于安装形态时,不会超过根据探测器有关技术标准中规定的响应时间标准对探测器所批准的报警动作时间。

（a*）每个 APU 的火警探测系统必须能够在地面条件下和发生火灾时自动关闭发动机和相关系统。

第 25J1207 条　符合性要求

除非另有规定,必须用全尺寸的着火试验或下列方法中的一种或几种表明满足第 25J1181 至 25J1203 条的要求:

（a）类似辅助动力装置构型的试验;

（b）部件试验;

（c）具有类似辅助动力装置构型的飞机服役经验;

（d）分析。除非特别指定了测试。

10.9　设备

第 25J1305 条　总则

（a）所有装置都要求以下仪表:

（1）火灾探测指示器。

（2）APU 自动关机指示器。

（3）任何其他在如下情况下帮助机组人员的设施:

（i）防止 AE 超出规定的限制;

（ii）保持 AE 的持续安全运行。

（4）如果为 AE 的运行提供了自动设施,以及其安装提供了同等的安全水平,则不需要本款第(3)点所述的设施。

（b）对于"主要"APU：

除了25J1305（a）中规定的仪表外，"主要"APU还需要以下指示器：

（1）辅助动力装置除冰保护指示器（如果安装）；

（2）显示任何加热器正常运行的指示器，以避免燃油系统结构件积冰和堵塞。

第25J1337条　APU仪表

（a）［备用］。

（b）［备用］。

（c）［备用］。

（d）必须有油尺或等效装置以指示每个油箱内的滑油量。

10.10　功能限制

第25J1501条　总则

（a）［备用］。

（b）必须按照第25J1549、25J1551和25J1583条的规定，使这些使用限制和为安全运行所必需的其他资料可供机组人员使用。

第25J1521条　AE的限制

必须为AE规定限制，该限制不得超过AE及其系统相应的批准限制。对AE的限制，包括工作类别，必须定义为飞机的功能限制。

第25J1527条　周围大气温度和使用高度

应根据飞行限制、强度、功能或设备特性确定允许APU运行的周围大气温度和使用高度。

10.11　标记和标牌

第25J1549条　APU的监控仪表

每个APU仪器上应贴有标牌或彩色标记，以传达最大和（如有）最小操作限制的信息。颜色标记必须符合以下规定：

（a）最大安全使用限制和（如有）最小安全使用限制用红色径向射线或红色直线标示；

（b）正常使用范围用绿色弧线或绿色直线标示,但不得超过最大和最小安全使用限制;

（c）预警运行状态用黄色弧线或黄色直线标示;

（d）因振动应力过大而需加以限制的辅助动力装置转子转速范围用红色弧线或红色直线标示。

第 25J1551 条　滑油量指示

每个滑油量指示器必须有足够的分区数,以便迅速而准确地指示滑油油量。

第 25J1557 条　其他标记和标牌

（a）［备用］。

（b）APU 液体加注口必须有:

（1）［备用］;

（2）在加油口盖上或旁边有"燃油"或"滑油"字样。

10.12　飞机飞行手册

第 25J1583 条　运行限制

必须提供第 25J1521 条要求的 APU 限制,以及按第 25J1549 和 25J1551 条的要求对仪表作标记所必需的资料。

第 11 章

附录 F、附录 K、附录 O、附录 P 对比分析

11.1 附录 F 对比

AΠ-25-9 和 CCAR-25-R4 的附录 F 都有 I、II、III 部分，对应的大部分内容基本相同，只有少许差异，下面分别对这 3 部分的不同之处进行对比分析。

11.1.1 第 I 部分对比分析

在附录 F 第 I 部分"表明符合第 25.853 或 25.855 条的试验准则和程序"中，在(b)(4)点的最后一句话，AΠ-25-9 中的表述是"根据本条中的(b)(8)点确定的烧焦长度的测量必须精确到 1 mm"，而 CCAR-25-R4 中的表述是"根据本附录第 I 部分(b)(8)确定的烧焦长度的测量必须精确到 2.5 mm(1/10 in)"，可以看出，在这一点上，AΠ-25-9 对烧焦长度测量的精度要求更高。

11.1.2 第 II 部分对比分析

在附录 F 第 II 部分"座椅垫的可燃性"中，在(d)(2)(iv)点，AΠ-25-9 中要求的等效燃油名义流量值为 7.6 L/h，而 CCAR-25-R4 中为 0.126 L/min(2.0 gal/h)，即 8.5 L/h，可以看出，CCAR-25-R4 中的流量要大，对座椅试验要求更高。

11.1.3 第 III 部分对比分析

在附录 F 第 III 部分"确定货舱衬垫抗火焰烧穿性的试验方法"中，在(f)(1)点，空气进气调节阀使空气流速的限制范围，在 AΠ-25-9 中是 76~80 m/s，而在 CCAR-25-R4 中是 7.87~9.14 m/s(1 550~1 800 in/min)。

AΠ-25-9 和 CCAR-25-R4 的空气流速限制几乎相差了十倍，是值得怀疑的。作者仔细查阅了 FAR-25，该值是 7.87~9.14 m/s，也查阅了 AΠ-25 的其他版本，该值都是 76~80 m/s。但 AΠ-25-9 和 CCAR-25-R4 这一段的文字描述

以及对试验设备的描述基本一致,空气流速限制不应该有如此大的差别。最近刚刚找到的俄航 АП - 25 - 10 的修订草案中,已将此值改为 7.9~9.1 m/s,与 FAR 和 CCAR 的标准基本吻合。

11.2　附录 K 对比

在附录 K 中,АП - 25 - 9 和 CCAR - 25 - R4 中的第 25.1~25.2 条内容完全相同,但 CCAR - 25 - R4 中多了 25.3《多于两发的飞机》的相关内容。

11.3　АП - 25 - 9 的附录 O——过冷大液滴结冰(SLD)条件

CCAR - 25 - R4 中无附录 O 部分,这是 АП - 25 在第 9 版新加的内容,具体如下。

附录 O 由两部分组成。附录 O 第 I 部分描述了中值体积直径(MVD)小于或大于 40 μm 的过冷大液滴(SLD)结冰条件,即最大平均有效液滴直径(MED)对应于附录 C 中描述的最大连续结冰条件(层云)。附录 O 中的过冷大液滴结冰(SLD)条件包括过冷细雨(小雨)和发生在层云中和/或下方的过冷雨。附录 O 第 II 部分定义了用于验证 АП - 25 符合性要求的冰积聚。

11.3.1　第 I 部分　气象学

附录 O 的结冰条件由高度、垂直和水平范围、温度、水含量和水质量分布等参数确定,是液滴直径分布的函数。

(a) 过冷细雨(最大液滴直径范围为 100~500 μm 的条件):

(1) 气压高度范围:相对平均海平面(MSL)0~6 706 m(22 000 ft)。

(2) 最大垂直范围:3 656 m(12 000 ft)。

(3) 水平范围:标准距离 32.2 km(17.4 n mile)。

(4) 全水含量(图 11.1)。

备注:液态水含量(liquid water content, LWC)以克/每立方米(g/m³)为单位,是针对 32.2 km(17.4 n mile)的标准水平范围确定的。

(5) 液滴直径分布(图 11.2)。

(6) 高度和温度范围(图 11.3)。

(b) 过冷雨(最大液滴直径大于 500 μm 的条件):

(1) 气压高度范围:相对平均海平面(MSL)0~3 656 m(12 000 ft)。

(2) 最大垂直范围:2 134 m(7 000 ft)。

(3) 水平范围:标准距离 32.2 km(17.4 n mile)。

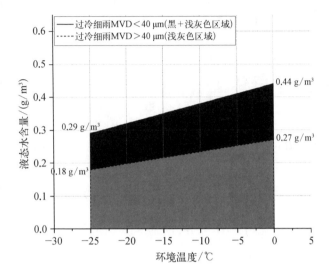

图 11.1　过冷细雨，水含量

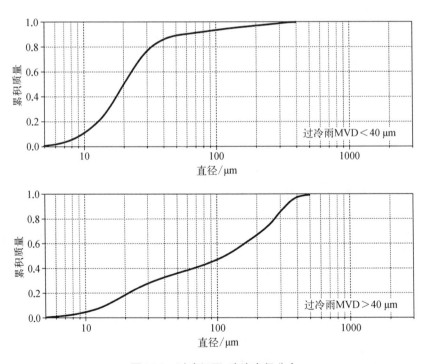

图 11.2　过冷细雨，液滴直径分布

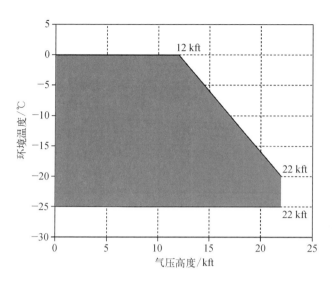

图 11.3　过冷细雨,高度和温度

（4）全水含量(图 11.4)。

备注: 液态水含量(LWC)值以克/每立方米(g/m^3)为单位,是针对 32.2 km (17.4 n mile)的标准水平范围确定的。

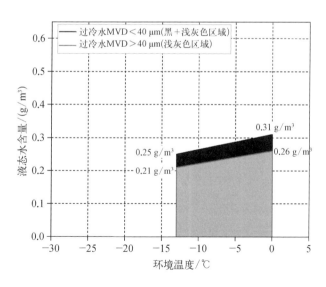

图 11.4　过冷雨,水含量

（5）液滴直径分布(图 11.5)。

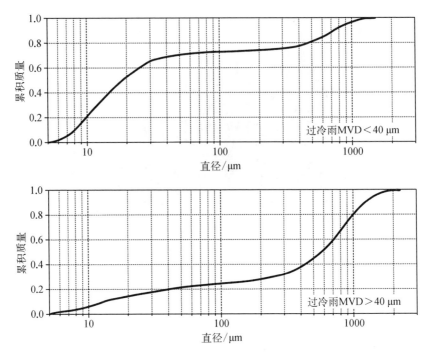

图 11.5 过冷雨, 液滴直径分布

(6) 高度和温度范围(图 11.6)。

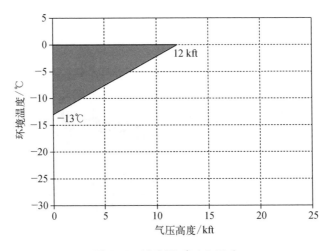

图 11.6 过冷雨, 高度和温度

(c) 水平范围:

与标准的 32.2 km(17.4 n mile)水平范围不同, 过冷细雨和过冷雨条件下的水

含量可以从图 11.1 或图 11.4 中确定的水含量确定,再乘以图 11.7 中所示的因子,由以下公式确定:

$$S = 1.266 - 0.213\log_{10}H \tag{11.1}$$

式中,S 为水含量比例因子(无量纲);H 为以海里为单位的水平范围。

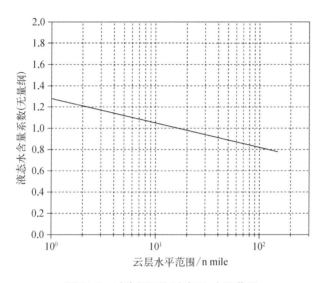

图 11.7 过冷细雨和过冷雨,水平范围

11.3.2 第 II 部分 机体上的冰积聚

(a)一般信息。

对本部 B 分部结冰状态下飞行各阶段的飞机稳定性和操纵性的符合性进行验证时,就它们对每个飞行阶段的飞机稳定性和操纵性及飞行性能的影响,应在最临界结冰条件下进行。申请人应演示已经考虑到本附录第 I 部分中规定的全部范围内的结冰条件,包括平均有效水滴直径、液态水含量以及适合飞行状态的温度(例如,飞机形态、速度、攻角和高度)。

(1)对于按照 25.1420(a)(1)审定的飞机,每个飞行阶段的结冰在本附录第 II 部分(b)中规定。

(2)对于按照 25.1420(a)(2)审定的飞机,必须采用本附录第 II 部分(b)和(c)定义的每个飞行阶段的最关键结冰。对于本附录第 II 部分(c)定义的冰积聚,只需考虑本附录第 I 部分中飞机可以安全运行的部分。

(3)对于按照 25.1420(a)(3)审定的飞机,每个飞行阶段的结冰在本附录第 II 部分(c)中规定。

(b) 对于按照 25.1420(a)(1)或 25.1420(a)(2)的飞机的冰积聚。

(1) 航路结冰是按照 25.1420(a)(2)审定的飞机按本附录第 II 部分(c)(3) 规定的航线上飞行或者按照 25.1420(a)(1)审定的飞机按本附录第 II 部分(a) (3)规定的航线上飞行时的结冰,加上:

(i) 根据本附录第 II 部分(b)(5)确定的结冰条件之前形成的冰积聚;

(ii) 在本附录第 I 部分规定的最关键结冰条件下一团水平范围为 32.2 km (17.4 n mile)的云和附录 C 中定义的最大连续结冰条件下水平范围为 32.2 km (17.4 n mile)的云在经过期间的冰积聚。

(2) 等待结冰是指按照 25.1420(a)(2)审定的飞机在依照本附录第 II 部分 (c)(4)规定的等待区,或者按照 25.1420(a)(1)认证的飞机依照附录 C 第 II 部分 (a)(4)规定的等待区飞行时的结冰,加上:

(i) 根据本附录第 II 部分(b)(5)确定的结冰条件之前形成的冰积聚;

(ii) 在本附录第 I 部分规定的最关键结冰条件下一团水平范围为 32.2 km (17.4 n mile)的云和附录 C 中定义的最大连续结冰条件下水平范围为 32.2 km (17.4 n mile)的云在经过期间的冰积聚;

(iii) 在等待区飞行时暴露在结冰条件下的总时间超过 45 分钟除外。

(3) 进场结冰是根据本附录第 II 部分(b)(2)规定的等待区冰积聚,或者采用 本附录第 II 部分的(b)(3)(i)或(ii)的分析的积冰的最关键情况:

(i) 对于按照 25.1420(a)(2)审定的飞机,在从本附录第 I 部分规定的最大垂 直结冰范围以巡航形态下降至着陆表面以上 610 m(2 000 ft)期间的冰积聚,加上 进场形态向着陆形态的过渡,再加上:

(A) 根据本附录第 II 部分(b)(5)规定的结冰条件之前形成的冰积聚;

(B) 在本附录第 I 部分规定的最临界结冰条件下,水平范围为 32.2 km (17.4 n mile)的云在着陆表面上方 610 m(2 000 ft)通过,以及水平范围为 32.2 km (17.4 n mile)的云在附录 C 规定的最大连续结冰条件下通过时的冰积聚。

(ii) 对于按照 25.1420(a)(1)审定的飞机,在从附录 C 第 I 部分规定的最大 连续结冰条件的最大垂直范围区域以巡航形态下降到着陆表面以上 610 m (2 000 ft),加上从进场形态到着陆形态的过渡,再加上:

(A) 根据本附录第 II 部分(b)(5)确定的结冰条件之前形成的冰积聚;

(B) 在本附录第 I 部分规定的最临界结冰条件下,水平范围为 32.2 km (17.4 n mile)的云在 610 m(2 000 ft)高度通过,以及水平范围为 32.2 km (17.4 n mile)的云在附录 C 规定的最大连续结冰条件下通过时的冰积聚。

(4) 着陆结冰是根据本附录第 II 部分(b)(2)确定的等待区结冰或根据适用 的本附录第 II 部分(b)(4)(i)(ii)计算的冰积聚的最关键情况:

(i) 对于按照 25.1420(a)(2)审定的飞机,是按本附录第 II 部分(c)(5)(i)确定的冰积聚,加上按本附录第 I 部分规定的结冰条件下以着陆形态从着陆表面之上 610 m(2 000 ft)下降到着陆表面以上 61 m(200 ft)高度期间的冰积聚,加上:

(A) 根据本附录第 II 部分(b)(5)确定的结冰条件之前形成的冰积聚;

(B) 从结冰区放出机动过程中积累的冰,机动始于着陆表面 61 m(200 ft),并以第 25.119 条要求所规定的爬升梯度,穿过本附录第 I 部分规定的最临界结冰条件下、水平范围为 32.2 km(17.4 n mile)的一团云和附录 C 规定的最大延长结冰条件下、水平范围为 32.2 km(17.4 n mile)的一团云。

(ii) 对于按照 25.1420(a)(1)审定的飞机,在附录 C 规定的最大连续结冰条件下,从附录 C 规定的最大垂直结冰范围区域,以着陆形态下降至着陆表面以上 610 m 时的冰积聚(2 000 ft),加上改为进近形态并在着陆表面以上 610 m(2 000 ft)处飞行 15 分钟,加上以着陆形态从着陆表面以上 610 m(2 000 ft)下降到着陆表面以上 61 m(200 ft),加上:

(A) 根据本附录第 II 部分(b)(5)段确定的结冰条件之前形成的冰积聚;

(B) 在本附录第 I 部分规定的最临界结冰条件下,从着陆表面之上 61 m(200 ft)开始,以第 25.119 条要求的最小爬升梯度穿过水平范围为 32.2 km(17.4 n mile)的云,或者在附录 C 定义的最大持续结冰条件下穿过水平范围为 32.2 km(17.4 n mile)的云期间的冰积聚。

(5) 检测到结冰条件之前形成的冰积聚是指在按 25.1420(a)(1)和(a)(2)的要求改出按附录 O 发现的结冰条件之前形成的冰积聚。这是在结冰运行条件下可能形成的已存在的冰积聚,在这种结冰条件允许飞机在要求改出的结冰条件之前运行,加上在检测结冰条件所需时间内的冰积聚,之后还有两分钟的进一步冰积聚,还需要考虑飞行机组采取措施改出结冰条件的时间,包括与空中交管部门的协调。

(i) 对于按照 25.1420(a)(1)认证的飞机,必须按照附录 C 中规定的结冰条件确定已有的冰积聚。

(ii) 对于按 25.1420(a)(2)审定的飞机,必须根据附录 C 中定义的最临界结冰条件或本附录第 I 部分中定义的结冰条件确定已有的冰积聚,结冰条件下飞机能够安全运行。

(c) 按照 25.1420(a)(2)或 25.1420(a)(3)审定的飞机的冰积聚。

对于按 25.1420(a)(2)审定的飞机,只需考虑本附录第 I 部分中飞机能够安全运行的结冰条件段。

(1) 起飞结冰——是无防护的表面上最为临界的结冰条件和防冰系统正常工作的表面上的任何结冰条件,从起飞到起飞表面上方 120 m(400 ft)高度,假设结冰始于在本附录第 I 部分规定的起飞结冰条件下的起飞距离终点。

(2) 起飞最后阶段结冰——是无防护的表面上最为临界的结冰条件和防冰系

统正常工作的表面上的任何结冰条件,从 122 m(400 ft)到 457 m(1 500 ft)(或达到 V_{FTO} 并完成航路形态转变的高度,两者取较高值),假定在本附录第 I 部分规定的结冰条件下,结冰始于起飞距离的终点。

(3) 航路结冰——在本附录第 I 部分规定的结冰条件下,在航路中无防护表面上最为临界的结冰和防冰系统正常工作表面上的任何结冰。

(4) 等待区域飞行时的结冰——是指在等待区域飞行的阶段,在本附录第 I 部分规定的结冰条件下,在 32.2 km(17.4 n mile)水平范围的云中飞行 45 分钟导致出现在无防护的表面上最为临界的结冰和有常规防冰系统的表面上的任何结冰。

(5) 进场结冰——以下两者中最关键的情况导致的在无防护的表面上最为临界的结冰和有常规防冰系统的表面上的任何结冰:

(i) 在本附录第 I 部分规定的结冰条件,从本附录第 I 部分规定的结冰条件下的最大垂直范围以巡航形态下降到着陆表面以上 610 m(2 000 ft)的高度期间的冰积聚,加上在 15 分钟内在着陆表面之上 610 m(2 000 ft)的高度从进场形态转变到着陆形态;

(ii) 在本附录第 II 部分(c)(4)规定的等待区飞行时的结冰。

(6) 着陆结冰——以下两者中最关键的情况导致的在无防护的表面上最为临界的结冰和防冰系统正常工作的表面上的任何结冰:

(i) 本附则(c)(5)(i)规定的冰积聚,加上从本附录第 I 部分规定的结冰条件下在从着陆表面以上 610 m(2 000 ft)下降到着陆表面以上 61 m(200 ft)并转变为着陆形态,然后按 25.119 要求的最小爬升梯度从着陆表面以上 61 m(200 ft)的高度复飞到着陆表面以上 610 m(2 000 ft)的高度,以进场形态转到着陆形态并在着陆表面之上 610 m(2 000 ft)的高度飞行 15 分钟,并以着陆形态下降到着陆表面(触地)的整个期间的冰积聚;或者

(ii) 在本附录第 II 部分(c)(4)规定的等待区飞行时的结冰。

(7) 对于无防冰和有防冰的部分,起飞阶段的冰积聚必须采用以下假设并根据本附录第 I 部分规定的结冰条件来确定:

(i) 机翼、其他气动和操纵面,以及螺旋桨(如采用)上在起飞开始时刻无霜、雪或冰;

(ii) 在飞机离地时刻出现结冰现象;

(iii) 临界飞机推重比(单位重量的推力/功率);

(iv) 在 V_{EF} 临界发动机停车;

(v) 机组启动防冰系统按飞行手册中正常使用程序。除了开始起飞滑跑之后,必须假定在飞机爬升到起飞表面至少 120 m(400 ft)前机组没有启动飞机防冰系统。

(d) 在防冰系统已启动和正发挥应有功能前的冰积聚——是在本附录第 I 部

分规定的结冰条件下,防冰系统启动和有效运行前,在未防护表面和正常防护表面上聚集的临界冰积聚,该结冰条件仅适用于表明第 25.143(j)和 25.207(h)条的符合性。

(e)为减少对第 25.21(g)条进行演示验证时需考虑的结冰情况,本附录所规定的任何冰积聚可以用于其他任何飞行阶段,前提是要表明这个冰积聚比起为那个飞行阶段所规定的冰积聚要更为临界。必须考虑形态的不同和它们的影响。

为了减少为验证与 25.21(g)的符合性要求而需要考虑的不同冰积聚选项量,本附录中规定的任何结冰可用于任何其他飞行阶段,如果能证明它至少与为该飞行阶段规定的具体冰积聚是同样的极限程度。这时必须考虑到形态的差异及其对冰积聚的影响。

(f)如果任何在性能方面的差异被保守考虑,那么飞机的性能试验可以采用对操纵有最不利影响的结冰。

11.4　AΠ‑25‑9 的附录 P——混合相和结晶冰的结冰区域（强对流云）

CCAR‑25‑R4 中无附录 P,这也是 AΠ‑25 在第 9 版新加的内容,具体如下。

结晶冰的结冰区域如图 11.8 所示。

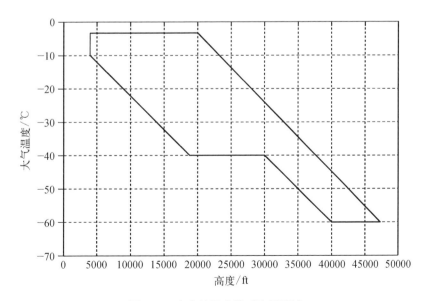

图 11.8　含有结晶冰的对流云区域

以 g/m³ 为单位的给定区域内的总水含量(total water content,TWC)由随高度变化的绝热梯度确定,该梯度由相对湿度为 90% 的空气从海平面到高海拔地区的对流上升确定,以 0.65 的系数到 32.2 km 的标准云长度。图 11.9 中显示了在图 11.8 所示的结晶冰区域在大气温度范围内云的总水含量(TWC)。

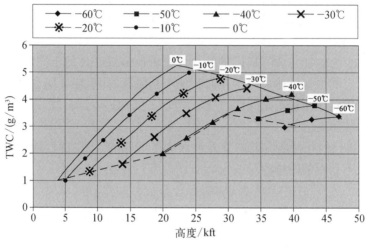

图 11.9 总水含量

TWC 水平:对标准的 32.2 km 范围的云
(基于绝热梯度,海平面高度,相对湿度为 90%)

根据对流雷暴中心附近的测量确定的冰晶的平均(中值)质量尺寸(MMD)范围为 50~200 μm(等效球形尺寸)。总水含量(TWC)可解释为完全冻结(冰晶)状态,表 11.1 中所示除外。

表 11.1 总水含量 TWC 的过冷液体分数

温度范围/℃	云的水平范围	LWC 的水含量/(g/m³)
从 0 到-20	≤92.6 km(50 n mile)	≤1.0
从 0 到-20	无止境	≤0.5
< -20		0

图 11.9 所示的 TWC 的总水含量的水平,是在 32.2 km(17.4 n mile)(云的水平长度)作用的标准云范围的 TWC 值,必须要考虑结冰条件对云范围影响并重

新计算(图 11.10)。

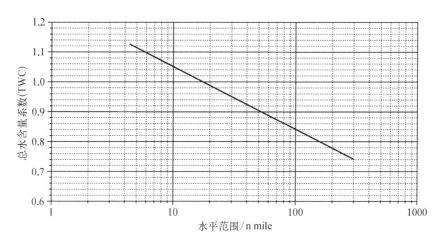

图 **11.10**　高海拔冰晶条件,总水含量与云范围影响的关系系数

附件 1

AП‑25‑9 关于飞机功能系统故障时
对适航一般要求的定义和术语

这一部分是 AП‑25‑9 特有的附件,CCAR‑25‑R4 中无此内容。

(1)故障状态(功能故障、系统类故障)。故障状态(功能故障、系统类故障)理解为整个系统的不运行状态,其特征是不管引起该状态的原因如何,其具体遭到了破坏。故障状态(系统类故障)是在每个系统级通过对这个系统功能的影响后果确定的。其特点是对其他系统和整个飞机有影响。

(2)外部作用(现象)——其起源与飞机结构无关的事件,像大气条件(例如阵风、逆温、结冰等),以及跑道状态。

(3)错误——由机组人员和机务人员采取不当行为的事件。

(4)持续安全飞行和着陆——能对飞机进行控制并在合适的机场完成着陆,可能使用紧急程序,但飞行员不是要必须采取特殊技能或超常努力。同时,在飞行中或着陆期间,与故障状态相关,飞机可能会受到一些损坏。

应急程序被理解为按照飞行手册的应急控制图执行的机组行动。

(5)根据事件发生的频率(故障条件、外部影响、错误等)将其分为以下几类:

(a)可能的。在给定类型的每架飞机的使用寿命中,可能会发生一次或多次。可能的事件又分为经常的和中等概率的。

(b)不大可能的(罕见的)。难以置信的(罕见的)事件又分为两类:

(i)很小可能的。在每架飞机的使用寿命中,这种情况不太可能发生,如果考虑到大量给定类型的飞机时,这种情况可能会发生几次。

(ii)极不可能的。它们不太可能在所有此类型飞机的整个使用寿命中发生,但是仍然应考虑到它们的可能性。

(c)几乎不可能的。几乎不可能,以至于没有必要考虑它们的发生。

(6)[备用]。

(7)[备用]。

（8）数值。可以用以下数值来量化事件发生的概率：

可能的——大于 10^{-5}；

经常的——超过 10^{-3}；

中等概率的——在 $10^{-5} \sim 10^{-3}$ 范围内；

不大可能的（罕见的）——在 $10^{-9} \sim 10^{-5}$ 范围内；

很小可能的——在 $10^{-7} - 10^{-5}$ 范围内；

极不可能的——在 $10^{-9} - 10^{-7}$ 范围内；

几乎不可能的——小于 10^{-9}。

概率应设置为每飞行小时的平均风险，其持续时间等于典型剖面的平均飞行时间。如果故障对于飞行的某个阶段至关重要，则在该飞行阶段中发生故障的概率也可以沿典型剖面在每飞行小时取平均值。

（9）特殊情况（影响）——在飞行中由于不利因素或其组合作用结果出现的情况并导致飞行安全性下降。特殊情况（影响）按以下标准进行分类：

（a）飞行性能、稳定性和控制性、强度和系统性能下降。

备注：飞行是指从飞机起飞期间开始沿跑道移动直到飞机降落或停止后跑道解除为止。

（b）机组人员的工作（心理）强度超过正常允许水平。

（c）机上人员的不适、受伤或死亡。

特殊情况根据其危险程度分为：

（a）灾难性情况（灾难性影响）——认为发生这种特殊情况时，避免人员伤亡实际上是不可能的。

（b）紧急情况（紧急影响）——这种特殊情况的特征是：

（i）性能显著下降和/或达到（超过）极限值；或者

（ii）机组人员身体疲劳或其工作强度不能指望他能准确或完整地完成自己的任务。

（c）复杂情况（重大影响）——其特征如下的特殊情况：

（i）性能显著下降和/或一个或多个参数超出使用限制，但未达到限制极限值；或者

（ii）由于工作量增加以及由于机组人员工作效率的降低，导致机组人员应对不利条件（已发生的情况）的能力下降。

（d）飞行条件的复杂化（轻微影响）——是一种特殊情况，其特征是：

（i）性能略有下降；或者

（ii）机组人员的工作强度有增加（例如，飞行计划的修订）。

（10）预期的运行条件。来源于实践的已知飞行条件，或者考虑到飞机用途，可以在飞机的使用寿命内足以合理预见的条件。这些条件包括状态参数、作用在

飞机上的环境因素、影响飞行安全的使用因素。预期的运行条件不包括：

（a）通过新增运行限制和规定可以可靠地避免的极端条件。

（b）极为罕见的极端条件，以至在这些条件下要求符合适航标准会导致适航水平高于实际需要和合理的水平。

（11）极限限制——飞行模式的限制，在任何情况下都不允许超出。

（12）使用限制——在飞行过程中不允许有意超出的条件、模式和参数值。

（13）推荐的飞行模式——为完成飞行、由飞行手册中规定使用限制确定的范围内模式。

（14）飞机的功能系统——是一组相互关联的元件、构件（块）和组件组成的整体，旨在完成指定的一般功能。

功能系统列表及其组成由飞机设计者制定。

故障状态的原因（一种系统故障）可以是元件故障以及与该系统相关的功能系统故障的总和。

该附件中，AΠ‑25‑9针对飞机功能系统故障时对适航一般要求中的定义和术语给出了严谨的文字描述和数值表述，使其更具操作性。

附件 2

FAR‐25(AΠ‐25)中使用的符号以及 俄罗斯认证实践(HЛГС‐3) 早期采用的相应符号

FAR‐25(AΠ‐25)	HЛГC‐3	释　　义
V_{SR}		——规定失速速度
V_{SR1}		——具体形态下的规定失速速度
V_{SR0}		——着陆形态下的规定失速速度
V_1	V_1	——最大起飞速度,此时飞行员必须采取第一个动作(例如,施加制动、减小推力、偏转制动板)以使飞机停在中断起飞距离范围内。V_1 也是最小起飞中的速度,此时飞行员在关键发动机发生重大故障后可以继续以 V_{EF} 起飞,并在要求的起飞距离内达到起飞表面上方的所需高度
V_{SW}		——近失速警告速度
V_{EF}	$V_{отк}$	——起飞时预计的关键发动机故障速度
V_{MCG}	$V_{\min\ эр}$	——最小起飞滑跑操纵速度
V_{MC}	$V_{\min\ эв}$	——最小起飞操纵速度
V_R	$V_{п.ст}$	——前起落架离地时刻的速度
$V_{2\ MIN}$		——最小安全起飞速度

FAR-25(AΠ-25)	НЛГС-3	释　　　义
V_2		——安全起飞速度
V_{MCL}	$V_{\text{min эп}}$	——全发最小进近速度
$V_{\text{MCL-2}}$	$V_{\text{min эп-2}}$	——双发不工作时的最小进近速度
V_{MU}	$V_{\text{min отр}}$	——最小起飞速度
V_{LOF}	$V_{\text{отр}}$	——起飞速度
V_{FTO}		——单发不工作的巡航形态下,最终起飞速度或飞机起飞轨迹结束时的飞机速度
V_{FE}		——飞行中当放出增升装置时的最大许可速度
V_{REF}	$V_{\text{эп}}$	——全发工作时的着陆进场速度
$V_{\text{REF-1}}$	$V_{\text{эп-1}}$	——单发不工作时的着陆进场速度
V_{LE}	$V_{\text{max ш}}$	——放下起落架时的最大飞行速度
V_{LO}	$V_{\text{max в.у.ш.}}$	——可放下或收起起落架的最大速度
V_{MO}	$V_{\text{max э}}$	——飞机使用中的最大速度
M_{MO}	$M_{\text{max э}}$	——飞机使用中的最大马赫数
V_{D}		——设计极限速度
V_{DD}		——对制动装置的设计速度
M_{D}		——设计极限马赫数
V_{DF}	$V_{\text{max max}}$	——试验演示最大速度
M_{DF}	$M_{\text{max max}}$	——试验演示最大马赫数
V_{A}		——设计机动速度
V_{B}		——最大突风时的设计速度

附件 2 FAR－25(AП－25)中使用的符号以及俄罗斯认证实践(НЛГС－3)早期采用的相应符号

FAR－25(AП－25)	НЛГС－3	释　　　义
V_C	$V_{\text{кр}}$	——设计巡航速度
V_F		——放出机翼增升装置时的设计速度
V_{FC}/M_{FC}		——对稳定性的最大速度/马赫数
V_{RA}		——通过湍流区的推荐速度
表示速度的简写		
IAS	ПР	——表速
CAS	ИЗ	——显示地速
EAS	ИН	——显示速度
TAS	ИС	——真实速度

附件 3

《运输类飞机适航标准》
俄–英–中对应的缩略语

在 АП‐25‐9 中,该附件只有俄文表示的缩略语,另外,АП‐25‐9 中漏掉了少部分正文中使用的缩略语,作者对此进行了补充,并扩展为《运输类飞机适航标准》俄‐英‐中对应的缩略语,以方便读者同时参考俄、美、中三国的《运输类飞机适航标准》。

《运输类飞机适航标准》俄‐英‐中版本中对应的缩略语

序号	俄 语	英 语	中 文
1	АВСА — аппаратура внутренней связи авиационная	AIE — aviation intercom equipment	航空对讲设备
2	АДН — аппаратуры дальней навигации	LDNE — long-distance navigation equipment	远程导航设备
3	АИД — аппаратура измерения дальности	DME — distance measuring equipment	测距设备
4	АП — автопилот	AP — autopilot	自动驾驶
5	АРК — авиационный радиокомпас	ARC — aviation radio compass	航空无线电罗盘
6	АРО — аппаратура речевого оповещения	VAE — voice announcement equipment	语音播报设备
7	АСУ — антенное согласующее устройство	AMD — antenna matching device	天线匹配装置

续　表

序号	俄　语	英　语	中　文
8	АСУВТ — автоматическая система управления взлетной тягой	ATOTCS — automatic take-off thrust control system	自动起飞推力控制系统
9	АТД — автомат тяги двигателя	AET — automatic engine throttle	发动机自动油门
10	АФУ — антенно-фидерное устройство	AFD — antenna fider devices	天线馈线设备
11	БСПС — бортовая система предотвращения столкновений	ACAS — airborne collision avoidance system	机载防撞系统
12	ВДО- всенаправленный диапазон очень высокой частоты(ОВЧ)	VOR — very high frequency (VHF) omnidirectional range	超高频全向范围
13	ВД-вспомогательный двигатель	AE — auxiliary engine	辅助发动机
14	ВОРЛ —— вторичный обзорный радиолокатор	SSR — secondary surveillance radar	二次监视雷达
15	ВПП — взлетно-посадочная полоса	TLR — takeoff and landing runway	起降跑道
16	ВСУ — вспомогательная силовая установка	APU — auxiliary power unit	辅助动力装置
17	ГТД — газотурбинный двигатель	GTE — gas turbine engine	燃气涡轮发动机
18	ДИСС — доплеровские измерители путевой скорости и угла сноса	DMSA — doppler meters for heading speed and drift angle	多普勒航向速度和漂移角计
19	ДМВ — дециметровый диапазон радиоволн	DRRW — decimeter range of radio waves	分米无线电波范围
20	ДКМВ — декаметровые волны	DCMW —decameter waves	十米波
21	КПИ — комплексный пилотажный индикатор	IPI — integrated pilot indicator	综合驾驶显示器

序号	俄　语	英　语	中　文
22	КИНО — комплексный индикатор навигауионной	INI — integrated navigation indicator	综合导航状态显示器
23	ИЛС — индикатора на лобовом стекле	WI — windshield indicator	风挡玻璃显示器
24	ИСП — инструментальная система посадки	ILS — instrumental landing system	仪表着陆系统
25	КВ — коротковолновый диапазон радиоволн	SW — shortwave radio frequency range	短波无线电频率范围
26	КИНО — комплексный индикатор навигационной обстановки	CINS — complex indicator of navigation situation	导航状态综合显示器
27	КПД — коэффициент полезного действия	CE-coefficient of efficiency	效率系数
28	КПИ — комплексный пилотажный индикатор	IFI — integrated flight indicator	综合飞行显示器
29	КПТ — концевая полоса торможения	EBL — end of braking lane	制动跑道终点
30	КСВН — коэффициент стоячей волны по напряжению	VSWR — voltage standing wave ratio	电压驻波比
31	КУР — курсовой угол радиостанции	RHA — radio heading angle radio station	电台航向角
32	ЛР — летное руководство	FM — flight manual	飞行手册
33	МВ — метровый диапазон радиоволн	MW — meter radio wave range	米无线电波范围
34	МДК — медианный диаметр капель	MVD — median volume diameter	中值液滴直径
35	МРМ — маркерный радиомаяк	MRB — marker radio beacon	无线电信标标志

序号	俄　语	英　语	中　文
36	МСП — микроволновая система посадкиж	MLS — microwave landing system	微波着陆系统
37	НТД — нормативно-технической документации	NTD — normative and technical documentation	规范技术文档
38	ОУЭ — ожидаемые условия эксплуатации	EOC — expected operating conditions	预期使用条件
39	ПВП — правилы визуального полета	VFR — visual flight rules	目视飞行规则
40	ПНО — пилотажно-навигационное оборудование	FNE — flight-navigation equipment	飞行-导航设备
41	ПОС — противообледенительной системы	AIS — anti-icing system	防冰系统
42	ППП — полет по правилам полета по приборам	FAIFR — flight according to instrument flight rules	按仪表飞行规则飞行
43	ПХКК — переохлажденная крупнокапель	SCLD — supercooled large-drop	过冷大液滴
44	РДВ — располагаемая дистанция взлета	TODA — take-off distance available	可用起飞距离
45	РДПВ — располагаемая дистанция прерванного взлета	RTODA — rejected take-off distance available	可用中断起飞距离
46	РДР — располагаемая дистанция разбега	TORA — take-off run available	可用起飞滑跑距离
47	РМИ — радио-магнитный индикатор	RMI — radio-magnetic indicator	无线电-磁显示器
48	РО — регламент технического обслуживания	MR — maintenance regulations	维护条例

续　表

序号	俄　语	英　语	中　文
49	РСО — радиосвязное оборудование	RCE — radio communication equipment	无线电通信设备
50	РПД — располагаемая посадочная дистанция	LDA — landing distance available	可用着陆距离
51	РТО НП — радиотехническое оборудование навигации и посадки	RENL — radio equipment for navigation and landing	无线电导航和着陆设备
52	РУД — рычаг управления двигателя	ECL — engine control lever	发动机控制杆
53	РЭ — руководство по технической эксплуатации	TOM — technical operation manual	技术使用手册
54	САУ — средства автоматического управления	ACE — automatic control equipment	自动控制装置
55	СВ — средневолновый диапазон радиоволн	MW — medium wave radio frequency range	中波无线电频率范围
56	СКВ — система кондиционирования воздуха	ACS — air conditioning system	空调系统
57	СЖВ — содержание жидкой воды	LWC — liquid water content	水含量
58	СО —— светотехническое оборудование	LE — lighting equipment	照明设备
59	СП — система посадки	LS — landing system	着陆系统
60	СПУ — самолетное переговорное устройство	AI — aircraft intercom	飞机对讲机
61	ССПИ — система сбора полетной информации	FDCS — flight data collection system	飞行信息采集系统
62	СТУ — системы траекторного управления	TCS — trajectory control systems	轨迹控制系统

序号	俄 语	英 语	中 文
63	СУМ — средний уровень моря	MS L — mean sea level	平均海平面
64	СЭД — средний эффективный диаметра	MED — mean effective diameter	平均有效直径
65	СЭС —— система электроснабжения	PSS — power supply system	供电系统
66	ТВД — турбовинтовой двигатель	TPE — turboprop engine	涡轮螺旋桨发动机
67	ТРД — турбореактивный двигатель	THE — turbojet engine	涡轮喷气发动机
68	УВД — управление воздушным движением	ATC — air traffic control	空中交通管制
69	ЦСО — центральный сигнальный огонь	CSL — central signal light	中央信号灯
70	ЭД — эксплуатационной документации	OD — operational documentation	操作文档
71	ЭМС — электромагнитной совместимости	EMC — electromagnetic compatibility	电磁兼容
72	ЭО — электротехническое оборудование	EE — electrical equipment	电气设备

参 考 文 献

[1] Летная Годность［EB/OL］.［2021 – 3 – 15］https：//avia. pro/blog/letnaya-godnost.

[2] Нормы Летной Годности Самолетов［EB/OL］.［2021 – 3 – 15］. https：// cyberpedia.su/12xa633.html.

[3] 吴世德.CCAR25 部第三次修订对民机工业技术发展的影响［J］.民用飞机设计与研究,2001(1)：38 – 40.

[4] Приказ Миюпранса РФ от 5 пюля 1994г. N48 "о Введении в действие авиаупонные иравш"（отиенен）［EB/OL］.［2021 – 3 – 28］. https：//base. garant.ru/551845111.

[5] Авиауионный регистр MAX［EB/OL］.［2021 – 5 – 20］. https：//armax-iac. org/dokumenty/aviatsionnye-pravila/.